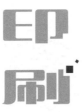

印刷

高峰 韩毅

徐洪杰 史晓雷

著 主编

U0278211

雕版

中国少年儿童新闻出版总社
中国少年儿童出版社
北 京

图书在版编目（CIP）数据

印刷 / 高峰，徐洪杰著. -- 北京：中国少年儿童
出版社，2021.12
（写给孩子的中国古代科技简史）
ISBN 978-7-5148-7123-4

Ⅰ．①印… Ⅱ．①高… ②徐… Ⅲ．①印刷史－中国
－古代－青少年读物 Ⅳ．①TS8-092

中国版本图书馆CIP数据核字(2021)第253321号

YIN SHUA
（写给孩子的中国古代科技简史）

出 版 发 行：中国少年儿童新闻出版总社
中国少年儿童出版社

出 版 人：孙 柱
执行出版人：马兴民

著　　者：高　峰　徐洪杰	封面设计：高　煜
责任编辑：张云兵	责任校对：刘文芳
版式设计：北京光大印艺文化发展有限公司	责任印务：厉　静

社　　址：北京市朝阳区建国门外大街丙 12 号	邮政编码：100022
编 辑 部：010-57526268	总 编 室：010-57526070
官方网址：www.ccppg.cn	发 行 部：010-57526568

印刷：三河市中晟雅豪印务有限公司

开本：720mm×1000mm　　1/16	印张：9.75
版次：2022 年 1 月第 1 版	印次：2022 年 1 月河北第 1 次印刷
字数：125 千字	印数：7500 册

ISBN 978-7-5148-7123-4	定价：48.00 元

图书出版质量投诉电话 010-57526069，电子邮箱：cbzlts@ccppg.com.cn

主　　编　韩　毅　史晓雷

编委会委员（按姓氏音序排列）

白　欣　陈丹阳　陈桂权　陈　巍　付　雷　高　峰

韩　毅　李　亮　史晓雷　孙显斌　王洪鹏　韦中燊

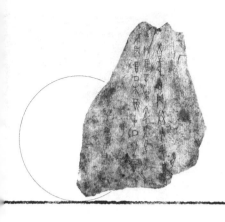

前 言

印刷术与造纸术、指南针、火药，并称中国古代的"四大发明"。印刷术的出现，极大地促进了信息和知识的传播，对中国乃至全世界的文明进程产生了十分深远的影响。

从本质上来讲，印刷术是一种复制技术。在印刷术出现之前，有拓印、捺印等复制技术。拓印是将纸张覆盖在涂抹了墨水的器物、石碑表面，通过捶打纸张背面，使器物、石碑表面的文字和图案转印到纸面上的一种技术。捺印即钤盖印章，是将蘸了墨水的印章盖在纸面上，使印章上的反体文字在纸面上形成正体文字的一种技术。

印刷术是与二者相区别的复制技术。它是在木板表面刻出反体文字和图案，用刷子刷上墨水，然后将纸张覆盖在木板上，再用一把干净的刷子反复擦拭纸张背面，使木板上的反体文字和图案转印在纸面上，形成正体文字和图案的技术。

根据印刷形式的不同，印刷术分为雕版印刷和活字印刷。最早登上历史舞台的是雕版印刷术。

虽然对于雕版印刷术出现的确切年代，还不能给出一个肯定的答案。不过，据学者推测，现存最早的雕版印刷品，大概产生于公元8世纪的唐朝。它们是一批出土于唐墓中的被称作《大随求陀罗尼咒经》的佛教印品，是普通民众佩戴在身上的护身符。稍后，日用历书、字书等也开始采用雕版印刷。

我们所熟知的出现于咸通九年（公元868年）的《金刚经》，是现存最早且完整的有确切纪年的雕版印刷书籍，刀法娴熟，刻印精美，是雕版印刷技术趋于成熟的产物。

五代时期，雕版印刷技术进一步发展，从民间走入宫廷，受到统治者的重视和推崇。后唐宰相冯道组织雕印儒家经典"九经"，是中国印刷史上的重大事件。印刷术与儒家经典的碰撞，为印刷术的流行和进一步发展奠定了基础。

宋元时期是雕版印刷术发展的高峰时期。宋代确立了书籍印刷的版式，雕刻愈加成熟，印制愈加精美，出现开封、临安等多个印刷中心，从宫廷至地方，从官府到书坊，雕版印刷呈现一派繁荣的景象。同时，出现了金属钞版，用于印刷纸钞和商品包装纸。

元代出现了最早的套色印本——《金刚经注》，这是第一部用朱墨两种颜色印刷的书籍。它采用了"单版分次"套印技术，利用同一块印版，在相应部位先后两次刷印朱墨两种颜色，分两次印刷而成。

到了明代，套色印刷技术进一步发展。神宗万历年间（公元1573—1620年）出现了多版套印技术，即每种颜色雕刻一个版片，分版分次印刷。浙江湖州的闵氏和凌氏家族，是明代套色印刷技术的引领者。

与此同时，饾版、拱花技术也开始应用在版画印刷中。饾版是将画作的每一种颜色刻成一块印版，分别涂色，依次刷印。拱花是一种无色印刷技术，将纸张覆盖在没有涂色的印版上砑印，在纸面上形成凹凸不平的花纹，类似浮雕。饾版和拱花技术的出现，标志着古代套色印刷走向技术巅峰。

雕版印刷是中国古代印刷的主流，同时，还存在另外一种印刷技术，即活字印刷。它是针对雕版印刷造价高昂与重复利用率较低的弊端，应运而生的。

活字印刷是将汉字雕刻成一个个活动的字丁，按照顺序排列并固定在板框中，刷印方法一如雕版印刷。与雕版印刷相比，活字印刷使用的字丁是可以反复利用的，只要预先准备一套活字丁，就可以根据需要随时排版刷印。

根据《梦溪笔谈》的记载，北宋庆历年间（公元1041—1048年）毕昇制造的胶泥活字，是现存最早的活字。毕昇的泥活字没有实物流传下来，也没有任何泥活字印刷的书籍传世，因此遭到后世人们对泥活字印书的质疑。不过，西夏文泥活字佛经的出土和清代道光年间翟金生重现的泥活字印刷工艺，有力地证明了泥活字的实用性。

继泥活字之后出现的，是木活字。现存最早的木活字印刷品是1991年出土的西夏文佛经《吉祥遍至口和本续》。元代初期，农学家王祯改进了木活字印刷工艺，创制韵轮检字法，为木活字的进一步流行并成为中国古代活字印刷的主要方式，创造了条件。明清时期木活字颇为流行，清代乾隆年间印行的《武英殿聚珍版丛书》，是木活字印刷的卓越成果。与之相伴产生的，还有一部叫作《武英殿聚珍版程式》的手册，详细记录了清代宫廷木活字印刷的工艺流程，成为后世木活字印刷的技术范本。

除了泥活字和木活字，历史上还出现过金属活字。宋元之际，金属活字即已出现，不过似乎仍旧处于试验阶段，没有流行开来。明代后期，金属活字重新出现在大众视野，产生了大量的金属活字印本。清代康熙年间，武英殿制造了一百余万枚铜活字，用来刷印一部大型百科全书《古今图书集成》，是中国金属活字印刷史上的盛事。

印刷术在中国产生以后，随着中外交流的进行，不仅传入了汉字文化圈的朝鲜、日本、琉球、越南等国家，还传入了中亚、北非等地区，对世界范围内的文明进程产生了重要影响。

清代后期，西方近代机械化印刷技术传入中国，中国传统的雕版印刷术和活字印刷术逐渐衰落，最终消失在了人们的视野中。

目 录

第四篇　活字印刷技艺

第五篇　古书的装订与版式

第六篇　印刷术的外传

附　录

第一篇

印刷术的起源

印刷术与造纸术、指南针、火药并称中国古代的"四大发明"。印刷术的出现，逐渐改变了过去手抄书的局面，使大规模的机械性复制成为可能，极大地促进了知识的传播，对中国古代社会发展乃至世界文明的进程，产生了广泛而深刻的影响。最早出现的印刷技术是雕版印刷，现存最早的雕版印刷的实物出现于唐代中后期。通过这些早期的雕版印刷品，我们可以大致勾勒出印刷术的起源过程。

1. 尘封千年的《金刚经》
——从流入异国的雕版珍宝说起

莫高窟（莫高，意为"沙漠的高处"），俗称千佛洞，开凿在中国甘肃西部小城敦煌县南面的鸣沙山崖壁上。

1900年，看守莫高窟的道士王圆箓（lù），无意间发现一座被密封起来的窟穴。在这个高约2.5米，南北长约2.8米，东西宽约2.7米的覆斗形小石窟中，从地面到窟顶，堆满一捆一捆中国古代的文书。

莫高窟发现文书的消息不胫而走，很快就传到了一个英国籍犹太人耳中。他叫斯坦因，是一个考古学家和探险家。职业的敏感让他觉得这是一批十分重要的文献。于是，他踏上前往敦煌的寻宝旅程。

1907年5月，风雨飘摇的清朝末年，斯坦因在一个中国师爷的陪同下，第一次来到莫高窟。不巧的是，正赶上王圆箓外出化缘，未能见面。几个月后，他再次来到这块圣地，终于敲开了王道士那简陋的房门。

起初，王圆箓并不信任这个远道而来的陌生人，甚至不允许斯坦因进入装满文书的那个藏经洞。但蒙昧无知的小道士终究未能敌住老练的犹太探险家和狡猾的中国师爷的联合攻势。最终，24箱文书外加5箱绘画刺绣品，被斯坦因哄骗到手中并连夜运出敦煌，几经辗转，最终入藏伦敦的大英博物馆。

◎ 斯坦因拍摄的莫高窟第16窟照片

右侧板凳旁的小门，就是王圆箓发现文书的小石窟入口，后来编为第17窟。地面上的两堆文书，本来不属于这张照片，而来源于另一张底片。斯坦因将两张负片叠加在一起，合成了这张照片。

　　几年后，斯坦因又一次来到敦煌，故技重施，又运走大量珍贵的敦煌文书。前后被斯坦因盗骗走的这些文书，共计有万件之多。

　　在这些浩如烟海的文书中，有一件在印刷史上极其重要的文物，它就是咸通九年（公元868年）雕版刻印的《金刚般（bō）若（rě）波罗蜜经》，简称《金刚经》。这是当时发现的最早且有明确纪年的雕版印刷书籍，是一个叫王玠（jiè）的人为了给父母双亲祈福消灾，雇用工匠刊刻的。

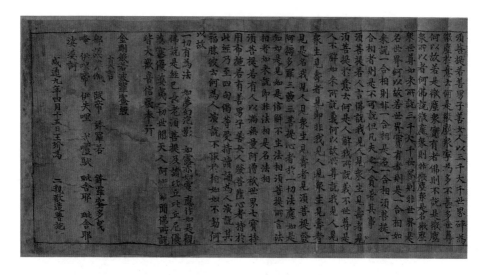

◎ 修补后的《金刚经》局部

末尾写着"咸通九年四月十五日，王玠为二亲敬造普施"一行字。

这件《金刚经》和唐代大多数书籍一样，装订形式为卷轴装。所谓卷轴装，是将若干张纸首尾相粘，连成一条长幅，长幅最左端固定在一个木轴上，然后从左至右，将长幅卷起来。

《金刚经》由七张纸粘贴而成，全长约491.5厘米，近5米之长。卷首有一幅插图，画的是佛祖释迦牟尼端坐在莲花座上，向长老须菩提（释迦牟尼十大弟子之一）讲说佛法。须菩提双手合十，袒露右肩，单膝跪地，仰头面向佛祖，虔诚听法。整幅画面包括22个人物，2只狮子，构图错综复杂，又错落有致；画面线条流畅，古朴大方；文字端庄方正，浑朴厚重，刀锋凌厉；印刷清晰，墨迹分明。刻印非常精美，雕刻技术十分成熟。

这部在莫高窟的藏经洞中尘封千年的《金刚经》，一度被认为是现存最早的雕版印刷品。不过，其高超的刻印技术让人们深信，这绝非印刷术刚刚产生时的作品。

那么，人们不禁心生疑问：最早的雕版印刷品是什么呢？

◎ 现存最完整、最早且有明确刊刻时间的雕印书籍《金刚经》

随着《金刚经》的重见天日，越来越多的唐代印刷品或出土于墓穴，或挖掘于石窟，或发现于佛塔，陆陆续续出现在人们的视线中。在这些印刷品中，有一类佛教印本，可以称得上是现存最早的雕版印刷品，它们就是《陀罗尼咒经》。

2. 神秘护身符《陀罗尼咒经》
——现存最早的雕版印品

1944年4月，在位于成都的国立四川大学校园内，工人们在修筑道路的时候，无意间挖出了四座古墓，包括三座宋墓和一座唐墓。学校随即请来当时著名的考古学家冯汉骥，负责考古挖掘工作。

在那座唐墓中，冯汉骥发现了一个银制的镯子，戴在墓主骸骨的右臂上，略有腐蚀和破损，乍看起来并没有什么特别之处。

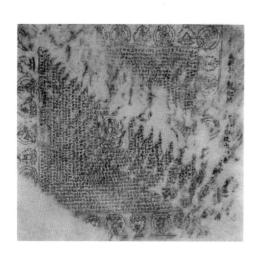

◎ 1944 年 4 月，出土于成都的《大随求陀罗尼咒经》——现存最早的雕版印刷品之一

但经过仔细审视，冯汉骥发现镯子是空心的，夹层中有一个类似橡皮的弹性物体。打开夹层，发现这个弹性物体竟是一张对角折叠、紧紧卷裹在一起的纸。纸张的尺寸约为31厘米×34厘米，是一张唐代的茧纸——一种用蚕茧、桑皮制成的纸，非常薄，半透明，但是韧性很强。

在这块略呈方形的茧纸上，印了三层双栏方框。最内层的方框里面，是一尊坐在莲花座上、长着六只手臂的菩萨，六臂手中各执法器。内层和中层方框之间，是17圈梵文咒语。中层和外层方框之间，相间分布着菩萨坐像和手印图案。

这是一件来自密宗的《大随求陀罗尼咒经》。大随求，意为一切所求都如愿。大随求菩萨能够实现信众所有的愿望和祈求。佩戴《大随求陀罗尼咒经》，能够积累功德，祛（qū）除鬼怪。这是唐代很受民众欢迎的护身符。

在这张茧纸最右侧，有一行汉字特别引人注目。虽然字体残损，不过通过残留的字迹，我们知道，这件咒文是成都府成都县的一个姓卞（biàn）的匠人雕刻印刷，并且用来售卖的。这充分说明这种雕印的单页咒经在当时有多么受欢迎了。

那么，它是什么时候雕印的呢？据学者推测，它一定不会早于公元757年，因为就在公元757这一年，才有"成都府"这个称号；而且不会晚于唐武宗会昌年间（公元840—846年），因为唐武宗在会昌年间大肆打击佛教，颁布一系列"灭佛"法令，不可能有人冒着杀头的危险顶风作案，雕刻贩卖咒经。也就是说，它雕印的时间在公元757—840年之间。在唐代的历史分期上，这个时间相当于中唐时期。

20世纪60—70年代，考古学家在陕西西安、安徽阜阳等地的唐代墓葬中，又发掘出几件类似的《大随求陀罗尼咒经》，有梵文的，也有汉文的。有的印刷时间甚至在四川唐墓出土的那件之前，大概在盛唐时期（公元713—755

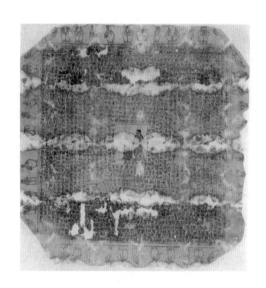

◎《陀罗尼咒经》残页

1975年出土于西安西郊唐墓中。出土时，这件咒经放在一个小铜盒中，已经黏成了团状。中间小方框内彩绘有两人，一站一跪，四围是汉字咒语，最外层也是各种姿势的佛印。一般认为，这件咒经刻印于盛唐时期。

年）。

陆续出土的这些《陀罗尼咒经》，大概就是中国最早出现的雕版印刷品了，虽然篇幅较小，却见证了雕版印刷术在中国的产生。正是这些小型的、单页的，相对来说比较简单的雕版印刷品的出现，才使得若干年后，印刷长达5米的《金刚经》成为可能。

在这些《陀罗尼咒经》中，有些并不是雕版印刷品，而是将咒文刻在一块木板上，像盖印章那样盖在纸上的，这种印制方法叫作捺（nà）印。

捺印和雕版印刷有着密切的关系，甚至可以将捺印看作雕版印刷的启蒙者。

3.来自佛国印度的捺印
——雕版印刷术的启蒙者

捺是按压的意思。通俗地说，捺印就是盖印章，也叫钤（qián）印。在印章上涂上印泥，自上而下，盖在纸上，这是捺印的动作。而在刻好字的印版上刷墨，将纸张覆盖在印版上，然后用刷子来回擦拭纸背，这是雕版印刷的动作。

稍加对比就可以发现，在捺印和雕版印刷过程中，刻字的印章或印版，与纸的上下位置正好相反。捺印是纸张在下，印章在上；雕版印刷是印版在下，纸张在上。而他们所要达到的目的，都是将印章或印版上的反体字印到纸上。可见，二者的关系是很密切的。

事实正是如此，雕版印刷的产生和捺印技术密不可分，甚至可以说，正是在捺印技术的启迪下，才出现雕版印刷。

捺印起源非常早，先秦时期就已经有印章了。皇帝给在边疆打仗的将军写了一封密信，怎么才能防止信件在途中被偷看呢？他就将刻在竹片上的信装在一个袋子里，袋口用绳子扎紧，然后在绳子上涂上一层厚厚的泥巴，盖上印章。这团泥巴叫作封泥，收到信时，如果封泥完好无损，证明信件没有被偷看。

后来纸张流行，印章便直接盖在纸上。印章的使用方法历代不同，但不管怎么说，印章主要是用作个人凭信。而雕版印刷不一样，它是为了取代手抄，实现大规模的复制。

◎ 先秦时的印章和封泥

虽然起源很早，但用作个人凭信的捺印，和雕版印刷并没有产生实质性的交集。真正使二者产生联系的，是唐代时传入中国的捺印佛像风潮。

捺印佛像起源于印度。为了表达自己的虔诚，佛教徒通常将佛像刻在印章上，由于当时的印度流行一种叫作"贝叶"的书写材料，这是贝多罗树的叶子，没办法盖印章，于是，他们便将雕刻佛像的佛印批量地印在沙子上，俗称"印沙"。公元644年，玄奘从印度取经归来，顺道将这种捺印佛像的做法带到了中国，并在佛教徒中流行开来。

中国的主要书写材料是纸张。唐代的僧人仿照印度僧人"印沙"的做法，在佛印表面蘸上墨汁，盖在纸上，形成一幅幅千佛像。

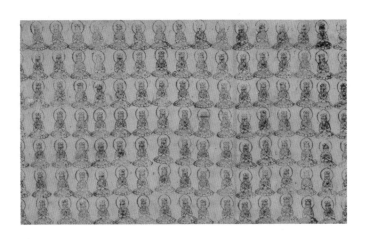

◎ 捺印千佛像

后来又逐渐将文字，比如咒语——尤其是一般信众不会读写的梵文咒语（对于信众来说，梵文咒语比汉文咒语更加灵验）——也刻在印章上，进行批量捺印。这种做法显然比手抄要快捷、美观，而且可以让不懂梵文的信众也能佩戴。

20世纪60—70年代出土的那几件《大随求陀罗尼咒经》，有一件是1967年在西安造纸网厂工地的唐墓中出土的梵文《陀罗尼咒经》，是由四

◎ 敦煌莫高窟出土的捺印佛像

这幅捺印佛像，系自右至左，依次捺印。最右侧佛像墨色最重，捺印三次，第二、三两幅墨色渐淡；又重新蘸墨，第四幅墨色极重，第五、六两幅又渐渐变淡。这反映了捺印技术的缺点，即前后所印墨色浓淡不匀。

块经文印版，按回字形顺次捺印而成的，大概产生于公元8世纪初期。

　　然而，小型的佛像和简短的经咒可以制成印章，依次盖在纸上。如果咒语较长，比如国立四川大学校内出土的《大随求陀罗尼咒经》，若采取捺印方式，至少要刻一个30多厘米见方的大印章。挥舞着如此硕大的印章，一边蘸墨，一边钤盖，不仅不容易操作，印刷效果也不见得很好。如同前面的捺印佛像一样，墨色浓淡差别十分明显，不甚美观。

　　于是，另一种印制方式便出现了，即将刻好文字的印章平放在桌面上，文字朝上，然后在印章文字表面均匀刷墨，将纸覆盖在印章上，再用干净的刷子在纸背轻轻擦拭，这样，印章上的文字便印到了纸面上。

　　如此一来，雕版印刷便产

◎ 1967年西安造纸网厂唐墓中出土的《陀罗尼咒经》，由四块印版按回字形顺次捺印而成

生了。这种印刷方式不仅效率高，而且印制精美，为捺印所不及。

雕版印刷术开始只是用于经咒的印刷，诞生之初和捺印技术并存。随着印刷技术的成熟，出现了《金刚经》这样篇幅较大的佛经的印刷。

再往后，雕版印刷便由佛教领域进入了百姓日用领域，比如印刷历书。唐代的历书类似我们现在的日历，记载节气、大小月、吉凶、禁忌等信息，为普通百姓生活所必需。

除了历书之外，和百姓生活息息相关、需求量很大的，还有相宅、占梦之类的书籍（类似于今天的勘测风水、周公解梦），字书、小学类书籍（即字典和词典，认识汉字、解释基本音义词的书）。字书、小学这类书，一般是给准备考取功名的读书人用的。

到了五代时期，雕版印刷技术进一步发展，并从民间进入宫廷，开始用来印刷居于正统地位的儒家经典。

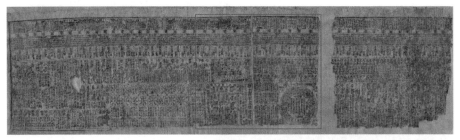

◎ 乾符四年（公元 877 年）历书
出土于敦煌莫高窟，现藏于大英图书馆，全长 96 厘米。现存最完整的历书印品，除正月有残损外，其余月份都很完整。

4. 五代国子监的儒经雕印
——印刷术步入大雅之堂

自汉代以后，历朝历代都将孔子开创的儒家思想作为官方的正统思想。而儒家思想是通过儒家的经典著作体现出来的，这些经典著作叫作"经"。经的含义是永恒的、不变的，古代将恒星称作"经星"，就是这个意思。

隋唐时期，开始通过科举考试的方式选拔人才。而考试用的所谓教材，就是这些叫作"经"的儒家著作。当时书籍还是以传抄的形式流传，抄来抄去，难免会产生错讹（é），导致每个士子手中的经典读本文字差异很大。

为了统一"教材"的文本，唐文宗时期（公元809—840年），统治者决定将包括《周易》《尚书》《诗经》《周礼》《仪礼》《礼记》《春秋左氏传》《春秋公羊传》《春秋谷梁传》《论语》《孝经》《尔雅》在内的12部儒家经典刻到石碑上，立在位于国都长安的国家最高学府国子监（jiàn）内，供士子诵读、抄写。石经的刊刻最终于唐文宗开成年间（公元836—840年）完成，史称"开成石经"。这些石经历经千年，现在还完好地保存在西安碑林之中。

唐朝灭亡后，中国进入一个动荡割据

◎ 开成石经《周易》拓片（局部）

> 将儒家经典刻在石头上，称之为"石经"。中国各朝各代历来有此传统，在唐代开成石经之前，有汉代的熹平石经、三国的正始石经，之后还有五代后蜀的蜀石经、北宋石经、南宋石经和清石经。这是官方统一儒经文字的重要手段。

的时期，史称"五代十国"。而在民间流行的雕版印刷术，并没有随着唐朝的灭亡而销声匿迹，反而呈现出繁荣昌盛的趋势。

五代的第二个朝代，史称"后唐"。虽然统治时间很短暂，从建立到灭亡，不过14年光景，却出了一位叫冯道的传奇宰相。他历仕后唐、后晋、后汉、后周四朝十二君，做了20多年的宰相，人送外号"不倒翁"。在他的提议下，雕版印行儒家经典在五代时期付诸实践。

后唐长兴三年（公元932年），距唐代"开成石经"的立碑年代已经过去了近100年。民间流传的儒家经典，在这百年间传抄过程中，又出现了不少错讹。冯道建议皇帝仿照西蜀、东吴等地民间作坊流行的雕版印刷，将"开成石经"雕刻出版。于是，一场规模盛大的儒经雕版印刷活动，由此拉开帷幕。

雕印活动在国子监进行，先由国子监博士儒徒，即当时最高学府的师生，参照唐代的"开成石经"，校定整理出一个准确无误的版本。然后挑选国子监中擅长书写的人，用端正的楷体字，工工整整地誊抄一遍，之后召集刻工雕刻。

雕印工作非常不容易，历经后唐、后晋、后汉、后周四朝，前后用了21年，终于在后周广顺三年（公元953年），方将"开成石经"的12部书全部雕印完毕。

这是我国雕版印刷儒家经书的开端，从此，印刷术从民间走进宫

◎ 南宋国子监覆刻的五代监本《尔雅》

五代监本早已佚失，这是南宋国子监仿照原来的样式和字体重新雕刻的监本。

廷，开启了宫廷刻书的新篇章。国子监作为国家中央刻书机构，为后世历代所延续。"监本"，即国子监所刻书籍，以其精审精校（jiào）、纸墨俱佳、刀法精致，为世人所推重。

五代时期儒经的刊刻不限于北方，同时期南方十国也有雕印儒经的行动。

发起者名叫毌（guàn）昭裔，官至后蜀（公元934—965年）宰相。据说他早年酷爱读书，但家里贫困，无力购买书籍。在向他人借阅《文选》和《初学记》时，由于书主人面露难色，颇不情愿，毌昭裔的自尊心深受打击。于是他暗自发誓，待飞黄腾达之日，一定将这些书雕印出版，供天下士子研读，后来果真践行了誓言。

当了宰相的毌昭裔不仅雕印出版了《文选》和《初学记》，而且还自己出钱营建学馆，并上奏后蜀君主，请求雕印儒经。他请求雕印儒经的年代，恰恰是冯道主持雕印监本儒经完成的公元953年。

除了儒经雕印外，五代的佛经雕印也很发达。位于西北的瓜州（今敦煌）和地处东南的吴越国（今杭州），在当地统治者的极力推动下，

◎ 刻印于公元 975 年的《宝箧印经》，1924 年出土于杭州雷峰塔，是五代时吴越国的雕版印刷品

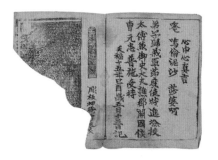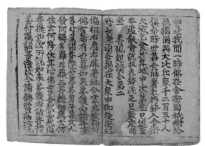

◎ 公元 950 年在瓜州刻印的《金刚经》（局部），左侧有一行字："雕版押衙雷延美"

佛经雕印呈现出一派繁荣的景象。这个时期，出现了第一位留下完整名字的刻工——雷延美，有多件流传至今的佛教印品，出自他的刻刀之下。

在唐代，雕版印刷恐怕还是难登大雅之堂的民间技艺，印刷对象多是普通百姓需求的佛经、历书和占梦相宅的杂书。到了五代时期，雕版印刷进入统治者的视野，正式被官方尤其是宫廷所接受，雕印了大量儒家经典和名人文集这些高级知识分子的读物。

此后，雕版印刷逐渐取代手工抄写，成为书籍制造的主要方式，极大地扩大和加速了信息的传播，对整个人类文明的进程产生了深刻的影响。

第二篇

雕版印刷技艺

雕的意思是雕刻，版的本义是木板。雕版印刷术就是在木板上刻出凸起的反体阳文字，然后在文字表面均匀地刷上墨汁，将纸张覆盖在木板上，用刷子擦拭纸张背面，使木板上凸起的反体文字转印在纸面上，形成正体文字的一种技术。

用来雕印的板材不限于木头，不过在中国雕版印刷史上，出现最早且使用最频繁的，当属木版印刷。

1. 木版印刷的选材与工艺流程

在雕印之前，首先会碰到的问题是选材，即选用什么样的版木，什么样的墨，什么样的纸，这是雕版印刷的准备工作。

版木，即雕版所用的木材。版木的选取，颇有讲究。首先，版木要软硬适中，适合雕刻。过硬则不易施刀雕刻，过软则容易朽烂。其次，要求树木品种分布广泛，生长周期短，价廉易得。稀见的珍贵木材，如明清宫廷用来制造家具的楠木，过于珍贵，不宜做版木。

◎ 梨木板实物

中国地域辽阔，森林茂密，树木品种丰富，符合这两个条件的木种很多，比如黄杨木、银杏木、苹果木、乌桕（jiù）木、白杨木，等等。其中，梓（zǐ）木、梨木和枣木，是中国古代雕印工人最青睐（lài）的三种版木。

梓树在中国古代十分常见。古人常在房前屋后种上梓树和桑树，桑叶可以养蚕织布，梓木可用来制造饮食器具。据说，二者是父母所种，留给后代子孙的馈赠，故有"桑梓"一词，用来指代故土和乡亲。梓木还可以用来造琴、做棺材，如帝王的棺材称作"梓宫"。

在中国，梓木分布很广，生长速度较快，木质软硬适中，纹理平直，不易腐朽，非常适合做版木。雕版印刷流行之后，"付梓""刻梓""梓行"等词，便成了雕版印刷的代名词。

梨木和枣木同样也是版材的重要选择。金代初年，民间募资刊刻《赵城金藏》，所用的版木中就有万全县佛教徒杨昌等人捐献的50棵梨树。"付之梨枣"也是雕版印刷的代名词之一。

版木选好了，不能直接拿来就用，因为木材中有水分，如果不处理的话，时间一长，版木就会干裂、变形。一般的处理方法是：在水中浸泡一个月左右，或者蒸煮几小时，除去木材内部的树脂，然后放置阴凉处使其干燥。

木材阴干后，用刨子刨平，擦上大豆油或者菜籽油，再用芨芨草的茎部细细打磨，使板面平整光滑。这样，合格的版木便做好了。

版木选好了，接下来就要选择墨和纸了。

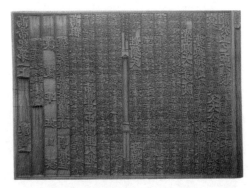

◎ 民国时期的《汉书》木雕版

我国古代的墨是由物体燃烧产生的烟灰制作的，有两种类型：一种叫油烟墨，一种叫松烟墨。木版印刷用的是松烟墨，是用松木烧出来的烟灰制成的。汉代以前，人工墨极少，主要使用天然石墨。汉代开始，由于制墨技术的发展，松烟墨开始登上历史舞台。松木质性松软，不适宜做雕版的版材，但它富含树脂，低廉易得，成为制墨的首选木材。

◎ 明代宋应星《天工开物》中烧制松烟墨的插图

右图"取流松液"，先将松树的松脂除掉，然后伐木。裁成木条后，如左图，在一个用竹片编制的棚子里烧。松烟烟灰便会凝结在竹棚上，尾部一二节的烟比较细腻，叫"清烟"，可以制造优质墨。中间部位的烟叫作"混烟"，可用来做普通的墨料。近头一二节的烟颗粒较大，叫作"烟子"，可以卖给印刷的店家研磨后用来印书。其余更加粗糙的烟灰，就只能留给粉刷工用作黑色颜料了。

印刷用的纸，一般要求纸面平滑、纤维束少，有足够的白度、紧密度，以及适中的厚度。雕版印刷产生早期多用麻纸，麻纸是用苎麻、大麻等麻类纤维为原料制造的纸，纤维很粗，韧性较强。

宋代以后则多用皮纸和竹纸。皮纸是用桑树皮、构树皮为原料制造的，纸质柔韧，纤维细长，质量比麻纸好。南方竹子多，盛产竹纸。竹纸以整根竹子为原料，价格低廉，但不及皮纸坚韧。宋元时期，追求质

◎（左）明朝嘉靖三年（公元 1524 年）司礼监刻本《文献通考》，白棉纸
白棉纸属皮纸，纸张洁白，质细而柔，纤维多，韧性强。

◎（右）康熙年间武英殿刻本《御制诗》第三集，开化纸
开化纸为皮纸一种，又名开花纸，产于浙江省开化县。因白色纸上常有一星半点微黄的晕点，如桃红，故又名"桃花纸"。质地细腻，极其洁白，无纹络，纸张薄而韧性很强，是清代最名贵的纸张。顺治至乾隆年间，武英殿刻书多用开化纸。

量的私家刻书、官府刻书，一般用皮纸；而书坊刊刻的大众读物，以赢利为目的，追求低廉的成本，则多用竹纸。

◎ 明代私人刻书家毛晋汲古阁刻本《秘册汇函》，毛边纸
毛边纸为竹纸一种，色呈米黄，简称"黄纸"，纸张略薄，正面光滑，背面稍涩，质地略脆，韧性差，纤维均匀。毛氏汲古阁是中国古代规模最大的私人刻书机构，专从江西订购毛边纸和毛太纸，用来印书。

有了版木，有了墨，有了纸，再准备几把刻刀、几把棕刷（用棕榈树的棕丝制造的刷子），再加上尺子、拉线、夹子等各种小工具，就可

以正式开始雕版印刷工作了。

◎ 刻刀与棕刷

棕刷分为圆刷（又叫棕帚、下刷）、耙子（又叫擦子、上刷）两种。圆刷用来刷墨，耙子用来擦拭覆盖在印版上的纸张背面，使印版文字转印到纸张上。

雕版印刷的工艺过程分为写样、校正、上板、刻板、刷印五个步骤。

写样。雕版工艺的第一个流程，也叫"写板"，即请字写得工整、漂亮的写手，将要刊刻的文字誊抄在较薄的白纸上。

校正。将写好的字样与原稿校对，如果有错误，在错字旁边标注记号，将正确的字写在纸的

◎ 写样

上端空白处。然后用铲刀将错字挖掉，贴上一块白纸，重新抄写。

上板。也叫"上样"，即在刨平的木板上，均匀涂上一层薄薄的糨糊，将写好的字样反着贴在板面上，用细棕刷刷平。然后，用指尖蘸水少许，在写样背面轻搓，将纸背的纤维搓掉。使贴在木板上的文字清晰得如同直接写在木板上一样。

◎ 上板

刻板。将贴着字样的木板交给刻工刊刻。刻工根据字样的线条，刻出一个个反体阳文字，挖掉空白部分，使字体的线条部分凸出。刻好后，用热水冲洗板面，洗去碎屑残渣。

◎ 刻板　　　　　　　　　　◎ 刻好的印版

刷印。刻好的板片叫印版，将印版固定在台案上。用棕刷（圆刷）蘸墨在印版上均匀刷墨。然后将纸平铺在上面，再用另一个干净的棕刷（耙子），在纸背上来回刷拭。这样，印版上凸出的反体阳文字便转印在纸面上，形成正体文字。

◎ 刷印　　　　　　　　　　◎ 刷印完成的书纸

在印刷过程中，首先试印一张，交给负责校对的人员，与原来的书稿校对，检查是否有文字错误。如果有误，则将刻错的字从印版上挖掉，塞进一个空白的木丁，写上正确的字再交给刻工，刻出正确的反体阳文字。

如果没有错误，便开始正式刷印，印好需要的份数后，装订成册，裁切，制作封面。一部书便制作完成了。

由于木材价格便宜，便于运刀雕刻，同时对水溶性的松烟墨有良好的吸附性，与传统的纸张适配性也很好。因此，在中国，木刻一直是传统雕版印刷的主要形式。然而，木材并不是唯一的雕印材料。除了木版印刷外，在中国的雕版印刷史上，还出现过铜版、蜡版、瓷版和泥版印刷。它们的雕印工艺各有千秋，共同丰富了古代的雕版印刷景观。

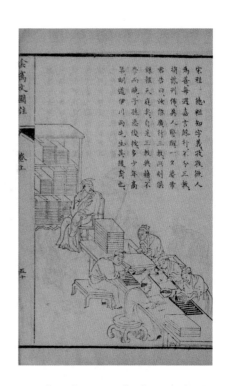

◎ 《阴骘文图注》中的刻书图

这幅图描绘的是宋代程一德雇工刻书的场景，是古籍中少有的刻书图，图中五个工匠，承担了写样、刻板、敷墨、刷印、装订等工序。

2. 从蒋辉伪钞案谈起
——金属钞版与纸钞印刷

南宋的官场上，出现一桩非常著名的公案，诉讼双方是著名理学家朱熹和台州知府唐仲友。

南宋淳熙九年（公元1182年），朱熹以浙东茶盐公事的身份，主持浙东荒政。在视察浙江台州时，收到了指控台州知府唐仲友贪污受贿的举报。朱熹随即展开调查，搜集了24条罪状，先后六次上奏宋孝宗，严词弹劾（hé）唐仲友。

在诸多罪状中，有一条是伪造纸钞罪，由此牵出一个叫蒋辉的刻工。

蒋辉本是明州（今浙江宁波）人，淳熙四年（公元1177年）因伪造会子（huì zǐ），被发配到台州狱牢。台州知府唐仲友得知蒋辉刻书手艺精湛，便将他从牢狱中提出，在台州公使库充当刻工，雕刻书版。后来，又让蒋辉住进自己的宅邸，胁迫他伪造会子钞版。

蒋辉本是戴罪之人，不敢不从。于是，他花了十天时间，用梨木板雕刻了一块面额为一贯（"贯"是古代钱币单位，一贯即一千文）的会子钞版，并在半年多的时间内，先后刷印了20余次，印制了将近3000张会子。

蒋辉伪造的会子，是宋代发行的一种纸钞。除了"会子"外，宋代还有"交子""钱引""关子"等纸钞名称，金代叫"交钞"，元明两代则叫"宝钞"。在中国古代，纸钞还有一个通称，叫"楮（chǔ）币"。楮树皮是一种造纸原料，由于楮纸用途广泛，"楮"便成为纸的代称，楮币即纸币。

纸钞最早出现在北宋时期的四川。当时四川的通行货币是一种用铁铸造的铁钱，非常笨重，携带十分不便。根据文献记载，当时用这种铁钱购买一匹罗，大概需要20贯，即两万枚铁钱。按照每贯6.5公斤计算，20贯铁钱重130公斤。笨重的铁钱严重影响日常交易。于是，宋太宗淳化、至道年间（公元990—997年），四川民间的商号开始使用一种叫作"交子"的纸券，上面写明数额，并钤盖商号的印章。这相当于兑换券，或者说是取钱的凭证，交易时就用它来代替笨重的铁钱。

◎ 三种北宋淳化年间（公元990—994年）铸造的小铁钱
"淳化元宝"

稍后，宋真宗大中祥符四年（公元1011年），四川有十六户富商联合发行了一种交子，较此前个别商家单独印制的交子，这种交子更具有纸钞的性质。但它还不是真正的纸钞，因为它不是由国家发行的，可以称作"私交子"。一般认为，北宋天圣元年（公元1023年）四川政府发行的官交子，是最早的真正意义上的纸钞。

早期的纸钞钞版，可能如同蒋辉仿造的梨木钞版一样，也是木质的。不过，纸钞发行量巨大，木版耐磨性差，反复刷墨，必然会导致钞版文字磨损，字迹模糊不清，字体变粗，墨汁渗入木版中，钞版容易变形、断裂。显然，木质钞版不适宜印刷发行量巨大的纸钞。而坚硬、耐磨并且不容易被仿造的金属版，则是纸钞印刷的最佳选择。从宋代开始，直至清代，流传下来的钞版大多是金属版，并且以铜版居多。

现存最早的钞版，是19世纪30年代发现的"千斯仓钞版"。这是一块长方形的铜钞版，版面分上、中、下三个部分。上部是十枚圆形铜钱，中部有29个汉字，下部是一幅图画，画面上几个人正在向身后的粮仓（千斯仓）内搬运粮食，画面右上角有三个小字："千斯仓"，被长方框圈起。钞票上绘制图案，并不仅为了美观，更是出于防伪的考虑。文字容易仿造，图案仿造就有点难度了，尤其是线条复杂的图案。

◎ 千斯仓钞版（复制品）与印纸，钞版原件现藏于日本

"千斯仓钞版"被发现几年后的1936年，另外一个宋代钞版也重现人世，即"行在会子库钞版"。行（xíng）在，是皇帝巡幸之地，这里是指南宋的首都临安，即今天的杭州。这是一块南宋时期在杭州发行的会子钞版，也是铜质的。钞版上的图案比"千斯仓钞版"要精细得多，线条更加错综复杂，给仿造者增加了技术难度。钞版上半部有一段小字，大致是说：伪造会子的犯人处斩，揭发检举犯人的给予赏钱，或者授予官阶。以后历代的纸钞上，都有这样一段类似法律条文的警告。

这块会子钞版被发现后，一位中国的钱币收藏家花了5000银圆将其买下，现藏于中国国家博物馆。

1983年，另外一种南宋的钞版，被发现于安徽东至县，一般称作"东至关子钞版"。与"千斯仓钞版"和"行在会子库钞版"不同的

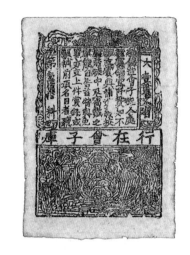

◎ "行在会子库"铜钞版与印纸

是，"东至关子钞版"不是铜质的，而是铅质的；它不是一整块钞版，而是由8块构成（出土时为10块，两块小版遗失）的。

其中一枚是"关子"版，有四个大字"壹贯文省"，表明关子的面额为一贯。一枚是"准敕"版（准敕是皇帝颁布的许可令），内容类似会子钞版上的警示文字。这两个大版是关子的正反两面，"关子"版是纸钞正面，"准敕"版是纸钞背面。

另外6块铅版，2个是长条形的，其他4个是略呈方形的文字印章。

长条形版中，一个画着花瓶图案，称作"宝瓶"版，另一个写有"景定伍年颁行"几个字。后者毫无疑问是发行时间，前者可能是防伪用的，和"千斯仓钞版"与"行在会子库钞版"中的图案性质相似。

4枚文字印章类似人民币正面的"中国人民银行"和背面的篆文章"行长之印"，表明发行机构和责任者。

金属钞版质地坚硬，不易雕刻。尤其是铜钞版，明朝后期之前的铜皆为铜、铅、锡合金材质，即所谓的"青铜"，硬度很高，难以下刀雕琢。金属钞版一般用翻砂法铸造而成。

"关子"版
（22.70×15.06cm）

"准敕"版
（19.07×13.48cm）

"宝瓶"版
（16.48×7.43cm）

"景定伍年颁行"版
（15.04×5.61cm）

国用见钱关子之印
（6.10×5.92cm）

行在榷货务金银见钱
关子库印
（5.74×5.65cm）

金银见钱关子监
造检察之印
（5.64×5.55cm）

□□□见钱关子合同印
（5.56×4.13cm）

翻砂法是古代铸造铜钱的常用方法。大概过程是：先用木板雕刻出来一个钞版，用作母版。准备两个方形木盒，装满一种特制的极其细腻的土灰。先将木质母版压在一个木盒的土灰上，将另一个木盒覆盖在此木盒之上。然后分开木盒，取出母版，这样，两个木盒的土灰中便留下了母版的形状。之后再合上木盒，将熔化的金属液体，顺着预留的小孔注入其中。冷却后，分开木盒，从土灰中取出金属钞版，用刻刀和铁锉（cuò）进行细节的修饰，一个金属钞版就制作完成了。

纸钞印刷时，需要多个钞版同时操作。纸钞的发行量巨大，动辄几百上千万张，若仅用一块钞版，不知道要印到何年何月。蒋辉用一块梨木版，半年多的时间才印了3000张，这个速度显然无法满足纸钞的印刷需求。

既然需要多个钞版，只有用铸造的方法，才能保证造出的钞版模样完全一致。若刊刻的话，钞版不能保证完全一样，印出来的纸钞也就千差万别，那么，何为真钞何为假钞便无从分辨了。

◎ 至元宝钞与钞版，钞版为铜质

以上介绍了钞版的材质，下面我们来了解一下纸钞的多色印刷工艺。

最早在北宋太宗时期，四川民间个别商户印制的私交子，就已经有朱、墨两种颜色了。大概是先用墨版印出文字图案，然后写上数额，再加盖红色的印章。

稍后的宋真宗时期，四川十六户富商联合发行的私交子也是朱、墨两色。先用一块墨色钞版，刷印统一的文字和图案，然后分发给各位富商，每个商户用红色的印章印上自家商号独一无二的标志。

至北宋仁宗时期，四川发行的官交子，票面上有统一的墨色文字图案。另外有两枚印章，分别是"益州交子务"和"益州观察使"，益州就是四川在宋代的称呼。根据私交子的形制来推测，这两枚官印也应是红色的，用捺印的方式钤盖在纸钞上。

墨色的文字、图案与红色的印章交织在一起，形成"朱墨间错"的效果，不仅美观，而且有防伪的功用。稍后，在红色和黑色之外，又加入蓝色，扩展到三色印刷。

据蒋辉的供词交代，他所使用的印刷材料有土朱、靛（diàn）青、墨等物。土朱是红色，靛青是蓝色，可知，蒋辉仿造的会子，并非纯用黑色印刷，而是红、蓝、黑三色交织。

北宋时期印造的钱引，由6块印版来印制，其中，4块用黑色，1块用蓝色，1块用红色。而1983年发现的"东至关子钞版"，据推断，也是黑、红、蓝三色套印。

一般来说，早期的纸钞印刷形式，主体文字和图案用黑色刷印，而红色印章则采取钤盖式捺印，这是一种刷印、捺印相结合的形式。

而"东至关子钞版"的形制告诉我们，它的8个组成部件全部是用刷印的形式完成的。这种多个印版分别涂上不同的颜色，分多次刷印的技术，叫作套色印刷，简称"套印"。

"东至关子钞版"全套一共8件，两块大版，即"壹贯文省"版和"准敕"版，是用来刷印正反面的主钞版。另外6块小版，可以用来刷印，也可以用来钤印。不过，通过对6块小版形制的观察，人们认为它是用来刷印的。如果是用来钤印的，那么每个小版都要做成印章的形式，就是说必须有可以手持的印纽，才可以拿着钤盖。而这6块小版只有薄薄的一片，大概4毫米厚，是没有办法用手拿着钤盖的。而每块钞版的四角却都有一个小孔，显然是将钞版固定在印刷台上的定位孔。这说明它们是用来刷印的，而不是用来钤印的。

我们虽然能见到宋代的钞版，但并无宋代纸钞实物留存下来。

下图为清代咸丰年间发行的大清宝钞，由蓝、黑、红三种颜色印成。主钞版是蓝色，右侧"元"字为黑色，印章为红色。由此可窥见古代纸钞的多色印刷样式。

◎ 清朝宝钞

除了纸钞印刷用到铜版之外，宋代的商品包装纸也开始采用铜版印刷。

中国国家博物馆藏有一块包装纸的铜版，来自于北宋时期。它是用刀雕刻而成的，形如一块大方印，顶端有"济南刘家功夫针铺"一行字，印版中间是一只白兔，应是这家针铺的商标。两侧及下方有广告语若干，请顾客认准白兔商标，并宣扬自家钢针质量上乘，绝对不偷工减料。

◎ 北宋的济南刘家功夫针铺铜印版，右侧是印纸

3.毕斩第二名——注重时效的蜡版印刷

宋哲宗元祐九年（公元1094年），三年一度的殿试如期举行。状元名叫毕渐，榜眼名叫赵谂（shěn）。在正式皇榜颁布之前，宫中好事者早已将榜单印了出来。草草印刷的榜单上，毕渐的"渐"字三点水没有印上，传报人误将第一名看成了"毕斩"。当他在人群中宣布进士名次时，未多加思索，高声喝道："状元毕斩第二人赵谂！"

众人一听，顿时吓出一身冷汗，这不是要"毕斩赵谂"吗？

众人心中升起一种不祥的预感，而赵谂并未以此为意。三年后，当时著名的文学家苏轼被贬谪到海南，仰慕苏轼的赵谂由此对朝廷心怀不满，常常暗中抨击时政。更荒唐的是，他竟私立年号，自称"隆兴天子"。后来，他在回乡探亲时，私立年号之事被人揭发，于是，赵谂以蓄意谋反的罪名被捕入狱，不久被斩首。他的父母、妻儿受到牵连，惨遭流放。

"毕斩赵谂"的预言，居然应验了。

这是个在中国印刷史上常常被提及的事件，原因在于，传报人手中那张草草印刷的榜单不是木版雕印的，而是蜡版印刷的，这在历史上非常少见。蜡的吸墨性很差，导致刷印不清楚，竟然印丢了"渐"字的三点水，从而造就"毕斩赵谂"的戏剧性预言。

自此之后，蜡版印刷再没有在文献记载中出现，但可能一直在应用。

◎《春渚纪闻》中有关蜡版的记载

到了清代，在西方传教士所写的书中，对中国的蜡版印刷技术做了比较详细的记载。虽然古罗马时期曾经使用涂了一层薄蜡的木板写字，但对西方人来说，用蜡版印刷还是很新奇的事物。

根据西方传教士的记载，一般朝廷发布重要命令或者消息需要快速及时地传达下去，比如今晚发布的命令，要求明早必须刷印出来颁发，便常常用到蜡版印刷。

◎ 道光三年（公元 1823 年）蜡版刻印的广东《辕门抄》
《辕门抄》是清代总督或巡抚官署中发抄的文书和官场信息，分发给所属各府、州、县。

这种蜡版印刷的方法是：在木板上用四根木条围成一个方框，里面注入熔化的蜡液。凝固后，拆掉木条，在蜡上用毛笔写反体字，然后用刻刀刊刻；接下来，用比较软的刷子刷墨，之后便可覆纸刷印了。

这里面涉及两个技术问题。一是蜡液的成分问题，一般认为是蜂蜡和松香的混合剂。松香即松树脂，蜂蜡是工蜂分泌的一种物质，可以用来制作蜡烛。二者的比例要恰到好处，大概4份蜂蜡与1份松香混合，得到的蜡液是最合适的。

另一个是墨的问题。我们知道，木版印刷用的是松烟墨，这是一种水溶性墨，刷在木版上没问题，但是刷在蜡上就有问题了。就像水和蜡相互抗拒一样，松烟墨和蜡也是水火不容、势不两立，因此用水溶性墨无法刷在蜡版上印刷。那么，用什么墨印刷呢？答案是油墨，在松烟中加入菜油，制成油墨，就可以刷在蜡版上印刷了。"毕斩赵谂"那个故事中，用来印刷的墨可能做得还不够好，所以印出的字迹不够完整。实际上，印刷纸钞用的铜版也不能用松烟墨，用的应当也是这种油墨。

无论是宋代还是清代，蜡版只限于印刷那种对时效性要求极高的信息，越快越好，但对印刷品的外观没有要求，这是蜡版的特点。

蜡版制版速度快，有时甚至可以将一块蜡版分成几个部分，交给几个刻工同时刊刻，刻好后合在一起印刷。从刻成蜡版，到印刷出品，是一个快速、高效的过程。木版、金属版在时效性这方面，都要甘拜下风。而且蜡版用过后可以熔掉，反复使用，不浪费材料。在这方面，蜡版又远胜木版和金属版。

但是，蜡版的印刷效果并不好，因此，无论是注重美观的书籍印刷，还是追求精细、注重防伪的纸钞印刷，都绝不会采用蜡版。

4. 一部独特的历史演义小说
——雕版活字相结合的活字泥版

2001年，嘉德秋季拍卖会在北京举办，有一部名为《精订纲鉴廿一史通俗衍义》（又称《廿一史演义》）的清代古籍，以22万元的价格被拍下。对于清代刻本来说，这个价格是有些高的。然而有趣的是，2009年的一场拍卖会上，这部书再次被摆上了拍卖台，最终以58万元的高价成交。买主不是别人，正是2001年那个卖家的儿子。也就是说，当初以22万被卖掉的书，时隔八年，又被以近乎三倍的价格买了回去。而如今，这部书的身价已经高达200万元。

价格如此高昂，这到底是一部怎样的书呢？

其实，从其内容上来讲，这只是一部普通的章回体历史小说，类似《三国演义》《东周列国志》，但是文学水平不如二者，在文学史上的地位并不高。令其与众不同的，是这部书独特的印刷工艺——活字泥版

◎ 活字泥版《廿一史演义》书影，天津图书馆藏

印刷。

活字泥版是雕版和活字相结合的产物，它的发明者叫吕抚，也就是《廿一史演义》的著者。

吕抚（公元1671—1742年）是清朝人，一生勤于著述，《廿一史演义》是他众多著作中的一部，初稿完成于康熙三十三年（公元1694年）。这部小说篇幅巨大，一共685回242卷，比120回的《三国演义》多了好几倍。这样大的篇幅，雕刻印行实属不易，尤其对于没有功名和俸禄的一介穷苦秀才来说，简直是无法承受的重担，所以他的著作迟迟未能刊行。

过了三十几年，不知受到了什么启发，吕抚想到了一个非常巧妙的办法。

他先是制造了一批正体阴文（阴文指凹下的文案或图案，与阳文相对）泥字丁，然后将字丁正面朝下，压在一块特制的泥版上。由于泥字丁是正体阴文，印在泥版上便形成了反体阳文字。这样，整块泥版犹如一块雕好的木版，接下来就可以像木版印刷一样，刷墨覆纸印书了。

这种印刷技术将活字与雕版相结合，十分有创意，被称作"活字泥版"。

这的确是一种经济实惠的印刷方法。首先，泥版要比木版便宜得多，并且随处可以获取；其次，制造这种泥字丁并不需要专业技巧，不用雇用专业刻工来刻字。吕抚将全家动员起来一起动手制造，并没有付出额外的工费。

雍正末年乾隆初年，吕抚终于将删减成44回26卷的《廿一史演义》用活字泥版技术印刷完成了。在这部书的第25卷末尾，吕抚清楚而详细地记载了他发明的这种印刷工艺的流程：

捶制泥团。取黏米面，加水和成小面团，放入滚烫的开水中煮熟。

◎《廿一史演义》第 25 卷卷末记载的活字泥版印刷工艺

捞出后放在瓦罐中，像捣蒜一样，用小木锤捶成糊状。然后，加入新弹的棉花、非常细腻的泥粉，搅拌均匀。再放到一块厚板上，继续捶打，捶上几百上千下，使泥团变硬。

制造活字。借来一套刻满反体阳文字的普通木雕版，制造一个可以拼合拆分的方形铜管。将方形铜管套在木字上，铜管内塞进一个小泥团。用一根方头的竹针，向下挤压铜管内的泥团，压实。分开铜管，正体阴文泥活字便做成了。

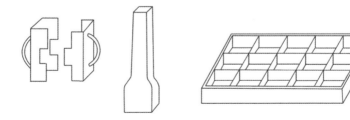

◎（左）方形铜管，由两半组成，可以拼合，可以拆分

◎（中）方头竹针，比铜管略小一圈，可以在铜管内上下移动

◎（右）贮藏泥活字的格子，一盘 15 格，每格旁边将本格所含泥活字写出来，方便找寻

贮藏活字。待阴干晒硬后，按照部首，将活字分类收藏在特制的木格子内。木格旁边注明这个格子收藏的所有汉字，方便取用。

制作泥版。炼制一锅桐油，与干燥的泥粉和匀，像捶打上述泥团一样，捶上几千上万下，使油泥变硬。然后，将油泥捶打成薄薄的泥片。将格板刷上红色，在泥片上印出红色格线。然后将泥片切齐，放在一块刷了一层桐油的凹形木板上。

检字排版。对照所要印刷的书稿，将所需泥活字检出，暂时存放在带有手柄的撮字手格中。然后对照书稿，一一排列在带有界栏的放字板上。

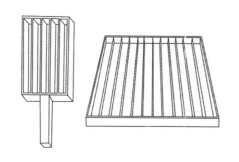

◎ 左侧是撮字手格，右侧是放字板

印字刷印。依次取出放字板上的泥活字，像盖印一样，逐行印在泥版上。印字的过程中，借助细线、界尺等工具，来保证字与字之间疏密一致，行与行之间整齐划一。印好一行之后，用小刻刀对此行泥版做一番修整，清除多余的泥料，再印下一行。印完整个版面，等泥版干燥后，用砂纸打磨平整，便可以刷墨印刷了。

刷印的方法与木版印刷一样。若一个人检字，两个人印字，每日可以印4页。

用这种活字泥版技术印刷的书籍，目前仅见《廿一史演义》一种，正是这种独一无二性，成为该书受到追捧的重要原因。

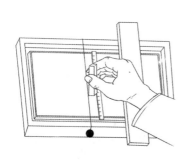

◎ 印字制版的示意图

5. 活字泥版的姊妹篇
——泰安磁版印刷工艺之谜

明末清初，山东济阳有一个叫张尔岐的秀才，一生精研儒家经典，著述很多。和吕抚一样，拮据的经济状况使得他的很多著作都无法雕版印行，只能以手稿本的形式藏在家里。

不过，作为当时受人敬重的"大儒"，很多后学都在考虑将他的著作刊行面世，山东泰山的徐志定就是其中之一。

康熙五十七年（公元1718年）冬，还是秀才的徐志定，偶然创制了一种新颖的印刷方法。用这种方法，他先后刷印了张尔岐的两部著作，即《周易说略》和《蒿（hāo）庵闲话》。前者是张尔岐精研《周易》的一部著作，后者则是他的一部读书笔记。

> 张尔岐，字稷若，号蒿庵，山东济阳人。明清之际著名的经学家。自幼聪颖好学，熟读经史，兼及百家。品行高尚，侍亲至孝，为时人所称颂。

◎ 康熙五十八年（公元1719年），泰山徐志定用磁版印刷的《周易说略》，国家图书馆藏

从此之后，印刷史上出现了一个崭新的名词，叫作磁版印刷。这两部书就是磁版印刷的杰出成果。

什么是磁版呢？徐志定没有说明。于是，学者们仁者见仁、智者见智，出现各种猜测和推演。有人说是磁活字，有人说是整版雕刻。

我们认为，磁版与吕抚的活字泥版性质相同，是活字与雕版印刷相互结合的产物。所不同的是，吕抚用的是泥版，由澄泥晒干制成；徐志定用的是磁版，磁即陶瓷，由制造陶瓷的高岭土高温烧制而成。

这个结论，是通过观察《周易说略》和《蒿庵闲话》这两部磁版书得出的。

首先，磁版的本质是雕版。古代的木雕版有一个特性，就是容易出现"断版"现象。木雕版经过墨水的反复浸泡，长期放置，版片很容易出现裂痕，甚至断开。再用这些版片来印书，文字之间就会出现一条条空白的裂痕，好似书纸被撕裂一般。这种现象在雕版书籍中很常见，而

◎《周易说略》中的断版现象

在活字版书籍中极少见。通过观察是否存在断版现象，可以判断是雕版还是活字版。

整个磁版经过高温烧制，非常容易烧裂，更容易出现断版。《周易说略》一书中，很多页面都有断版现象，如上图左侧最右一行字，从"经"至"没"，文字间出现一条裂痕；右侧从顶端版框斜向右下，裂痕更加明显，证明该书由整版印刷而成。

虽然是整版印刷，然而磁版上的文字，不是用刀直接雕刻而成的，而是像吕抚的活字泥版一样，是用活字字模压在磁版上印出来的。

为什么这么说呢？在这两部磁版书中，通过仔细比对，会发现同一个字的字形几乎完全一致。如果是雕刻的，即使同一个汉字，每个字的笔形也都不尽相同，就像我们写字一样，很难写出两个一模一样的字来。但是，用同一个活字模印出来的字，则会保持高度一致。

下面的图片是磁版《周易说略》第二卷第一页。我们截取了出现在9个不同位置的"畜"字，仔细比对9个"畜"字的笔画位置和走势，几乎毫无差别。说明这9个"畜"字是用同一个字模印上去的，而并非像木版那样一个一个单独雕刻的。

另外，关于活字这一点，还有间接的文献证据。和徐志定大约同时期有个叫金埴（zhí）的秀才，他在山东生活期间，听说有磁版印刷，觉得很新奇，便将此事写进自己撰写的一本笔记中，叫《不下带编》。在书中，他是这么描写的："康熙五十六七年，泰安州有士人，忘其姓名，能煅泥成字，为活字版。"很显然，他描写的不是直接在磁版上刻字的雕版印刷，而是需要用到"活字"的一种印刷技术。

我们根据吕抚的活版泥字，大概可以推测出磁版的制造工艺：先制造正体阴文字模，入炉高温烧制；用高岭土掺和水、油，制造泥版，务必软硬适度；参照书稿，检出磁字模，一一按在泥版上，形成一行行反

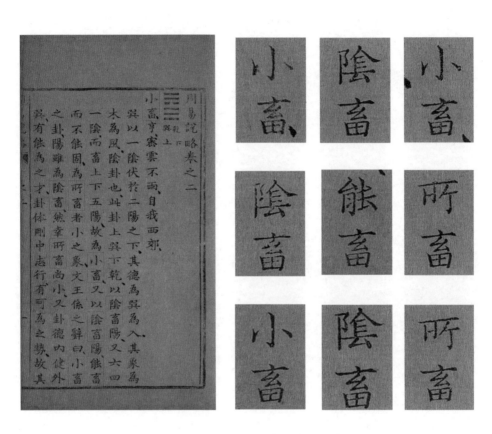

◎ 《周易说略》截取部分文字比较

体阳文字；整版捺印完毕，入炉高温烧制，泥版变硬形成磁版；将磁版放置印台上，如雕版印刷一样，敷墨覆纸刷印。

　　磁版和泥版，一个用磁土，高温烧制；一个用泥土，阴干晾晒，制作工艺非常相近。不过，吕抚的泥版不用高温烧制，实际上比磁版省工省力。但二者异曲同工，发明的时间又如此相近，仅仅相隔几年而已，是历史的巧合，还是有所承继呢？由于历史记载不详，给后人留下无限的遐想与猜测。

第三篇

套色印刷技艺

套色印刷又叫套印，宽泛地说，就是在同一页纸上印出不同的颜色。现在我们随手从身边拿过来一种印刷品，比如手中正在捧读的这本书，书桌上装在相册中的彩色照片，马路旁推销员分发的广告彩页，诸如此类，都是五颜六色的，这都是运用套印技术的成果。套印技术如此常见，以致我们已经习以为常。没有人会去追问，在遥远的中国古代，人们是如何将不同的颜色印到一页纸上的？古人都做过哪些摸索，又取得了哪些创造性的成果呢？

1. 分色抄写和批点风潮
——套色印刷技艺的兴起

在介绍铜版印刷时我们已经提到，宋代的纸钞印刷已经采取套色印刷技术了。同一张钞面上，既有黑色，又有红色和蓝色，三色交相辉映，既增加了伪造的难度，又增强了观赏性。不过，真正能代表中国古代套色印刷技艺水准的，是书籍和版画的彩色印刷。与之相比，纸钞的套色印刷就显得有些简单和初级了。

一般说来，书籍套色印刷的需求和两个传统有关。第一个传统是分色抄写儒家经注。

说起儒家经注，需要做一下简单的解释。我们已经知道，儒家的经典著作称为"经"，这些经书的写作年代，可追溯至春秋时期。随着时间迁移，经书的文字对于后人来说，已不容易理解。于是，涌现出很多大儒，为这些经书文字做注解，称为"传"，"传"就是对"经"的注释。再后来，"传"的文字对于后人来说，也不容易明白了，需要为"经"和"传"的文字再做注解，称为"疏"，或者叫"正义"，

"疏"和"正义"就是对"经"和"传"的注释。这就是儒家的经注传统。

经文和注文最初是分开抄写的，经文抄一本书，注文抄一本书，相互独立。读到经书中的一句话，不知道什么意思，需要翻开注书，对照着看，阅读起来十分不方便。后来经文和注文合而为一，在每句经文后面，都抄录对应的注文。这样虽然阅读便利，但不容易区分经文和注文。

于是，人们想出了很多办法来区分经文和注文。比如用大小字号来区分，如公元1637年毛氏汲古阁刊刻的《论语注疏解经》，经文用大字，注文用小字，疏文用双行小字，大字小字泾渭分明，一目了然。还有一个办法，就是用不同颜色来表示经文和注文：一般经文用红色，注文用黑色。

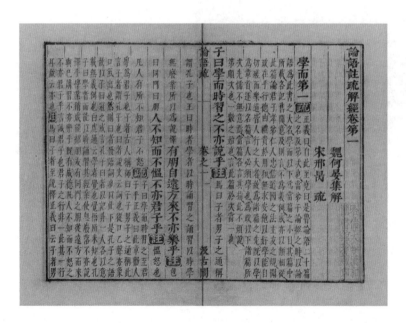

◎ 毛氏汲古阁刊刻的《论语注疏解经》

历代正史中，大都有一篇叫作"艺文志"或者"经籍志"的文章，这是著录那个朝代藏书的书目。在《隋书·经籍志》中，记载一部名为

《春秋左氏经传朱墨列》的书，是汉代大儒贾逵的著作。从书名来分析，这个版本是"朱墨分列"抄写的，也就是用红色抄写经文《春秋》（孔子著），用黑色抄写传文《春秋左氏传》（左丘明著），这恐怕是记录分色抄写经传最早的例子了。唐代初年，曾经是李世民秦王府十八学士之一的陆德明，撰写了一部《经典释文》，这是一部为经书文字注音、释义的辞典。它的最初抄本，也是用红色抄写经文，黑色抄写注文。

◎ 敦煌莫高窟出土的《道德经》（局部）

不仅儒家经典有注文，道家经典同样有注文，也同样采用朱墨双色抄写。国家图书馆藏有一部敦煌莫高窟出土的《道德经》，红色文字是《老子》的原文，黑色文字是后人所作的注释，这是现存最早的朱墨分色抄写的实物。

第二个传统是宋代兴起的批点风潮。

什么是批点呢？批是批注，点是圈点。古人读书，读到精彩之处，常用表示不同意义的符号，勾抹圈点一番，并写上几句评语，与读书笔记有些相似。宋代流行的批点，多出自大儒，这是他们自己的学习心得，对于指导后人读书大有裨（bì）益。这类批点作品，在读书人中间非常流行，可以用作科举考试的辅导书。它们市场销量很好，是书商们十分乐意出资刊刻的一类书籍。后面的图是南宋文坛巨擘（bò）刘辰翁批点的《班马异同》和《集千家注杜工部集》，批注形式包括天头空白处的眉批、夹在文字间的夹批，圈点形式有文字旁边的竖线"丨"和小

◎ 刘辰翁批点的《班马异同》

◎ 刘辰翁批点的《集千家注杜工部集》

圈"〇"。

　　为了醒目起见，大儒们往往乐意用多种颜色进行批点。理学大家朱熹就常常用五种颜色来做读书标记。明代第一博学才子杨慎在批点《文心雕龙》时，用到了红、绿、青、黄、白五种颜色，加上原书的黑色，便是六色了。对于后学来说，在读书中体验着六色交织的视觉冲击，将是一种十分美好的享受。

　　以上两个传统，尤其是宋代兴起的批点风潮，直接刺激了明代中后期闵（mǐn）、凌两家套色印刷的革新。不过，在闵、凌两氏兴起之前250年左右，在中国书籍套印史上，出现了一朵奇葩，它就是元惠帝至正元年（公元1341年）双色印刷的《金刚经注》，这是中国乃至世界印刷史上第一部套印书籍。

2. 无闻和尚的《金刚经注》
——元代单版分次套印

提到《金刚经注》，我们自然会想到咸通九年（公元868年）刊刻的《金刚经》。没错，《金刚经注》就是对《金刚经》的注解之作。

《金刚经》是大乘佛教的经典著作，是释迦牟尼与长老须菩提等众弟子的对话记录。自东晋传入中国后，到唐代为止，先后有6个中文译本，唐代玄奘就曾翻译过。不过，最流行的当属十六国时期后秦高僧鸠（jiū）摩罗什的译本。咸通九年刊刻的《金刚经》和这里要讲的《金刚经注》，都是这个译本。

《金刚经注》的作者是元代的无闻和尚，法号思聪。他本来是湖北邓县香岩寺的住持，元惠帝至元元年（公元1335年），位于湖北江陵的资福寺请他前去注解《金刚经》。据传，至元六年（公元1340年）四月，正当无闻在资福寺专心为《金刚经》作注时，忽然，紫色祥云笼罩寺院，座前生出四朵五色灵芝，十分奇异瑰丽。

次年，也就是至正元年（公元1341年）正月，一个叫刘觉广的信徒，梦见众神聚于资福寺。联想到无闻和尚注经时，下生灵芝，上起祥云，心中顿时涌起一股神圣之感。于是，他便用朱墨双色，刊印了这部

鸠摩罗什，后秦高僧，祖籍天竺，出生于西域龟兹国（今新疆库车）。据记载，他天资聪颖，半岁说话，三岁识字，五岁开始博览群书，七岁跟随母亲出家。曾翻译佛经94部，425卷。他的佛学造诣和译经功绩，前无古人，后无来者。

《金刚经注》，以表达自己对佛祖的虔诚，从而产生了印刷史上第一部朱墨双色套印本书籍。

《金刚经注》的装订形式属于经折装，不同于咸通九年《金刚经》的卷轴装。经折装是在卷轴装基础上发展起来的，纸张粘贴成长幅后，不再卷起来，而是折成一沓，前后贴上硬纸封面。展开便可以阅读，读毕可轻松合上，比卷轴方便得多。后世的奏折，实际上就是比较简单的经折装。

《金刚经注》一共200面，由37块版片印成，有文字有插图。文字分经文和注文，经文大字，红色印刷；注文小字，黑色印刷。

插图有三幅，前面有一幅释迦牟尼说法图，末尾有一幅护法天神韦陀的站立全身像。这两幅图是后人绘制的，并非当时刷印。而另外一幅无闻和尚注经图（如下图），则是朱墨双色套印而成的。画面上，无闻和尚端坐在方丈室内注解《金刚经》，书案前生出四朵灵芝，身后祥云缭绕，这

◎ 至正元年（公元 1341 年），刘觉广刊印的朱墨套印本《金刚经注》

些用红色印成。画面顶端有一棵苍松，苍劲嶙（lín）峋（xún），则用黑色印成。

一般认为，《金刚经注》的印刷方式应当是"单版分次"套印。

单版，指只刻有一套版片，如同普通雕版一样，经文和注文刻在同一个版片上。明代的套色印刷是一种颜色一套版片，如果一页纸上有两种颜色，就要刻两套版片，而《金刚经注》只有一套版片。

分次，指分成两次来刷印，具体过程是这样的：将版片固定在印刷台上，先用棕刷将小字涂上黑色，大字不涂颜色，将纸覆盖在版片上，进行第一次刷印，黑色小字便印到了纸上。然后，将大字涂上红色，再将已经印上黑色小字的纸覆盖在版片上，进行第二次刷印，红色大字便印到了纸上。

为了防止第二次刷印时，黑色小字再次印到纸上，造成叠影，在第二次刷印前，要用干净的薄纸将版片上涂了黑色的小字盖上。

这就是用一套版片，分两次刷印两种颜色的方法。当然，也可能是先刷红色，再刷黑色。具体哪种颜色先刷印，这个就不好判断了。

这种利用一套版片，分别涂色、分次印刷的技术，对印工的要求很高。两次刷印过程中，印版和印纸的位置，必须是一致的。否则，红色和黑色就会叠印在一起。

在同一张版片上刷不同的颜色，有时会不小心将本应刷红色的部分刷成了黑色，黑色的部分刷成了红色。即使再小心翼翼，这些细节问题也终究难以完全避免。这正是《金刚经注》存在的技术瑕疵。

不过，瑕不掩瑜，这部《金刚经注》仍旧可用"精美绝伦"四个字来形容。它是我国也是世界上最早的一部套色印本，比公元1457年出现在德国的欧洲第一部彩色套印书籍《梅因兹圣经诗篇》要早116年。

套印本《金刚经注》刻印后的200多年，明朝嘉靖三十八年（公元

1559年）某日夜晚，湖北麻城县定惠寺的和尚在山间采石，发现了这套《金刚经注》的书版。书版字迹完好，笔画清楚。和尚大喜，遂将其贮藏在定惠寺中，奉为珍宝。可惜后来书版不知所踪，恐怕毁于明清更替的战火中了吧。

3. 争奇斗艳的闵、凌套印本
——明代多版多色套印

多版套印是真正意义上的套色印刷，即一种颜色雕刻一块印版，每块印版印刷一次。比如朱墨双色套印，按照原来的书稿，红字部分雕刻一块印版，黑字部分雕刻一块印版，两块印版分别涂色，分两次在同一张纸上印出。三色套印，就雕刻三块印版，分三次印刷。四色、五色，乃至六色，以此类推。

其实，宋代的纸钞印刷便已经采用多版套印技术了。但总体来说，技术难度不大，而且一直以来没有什么革新，和书籍的分版套色印刷技术有很大差距。

那么，书籍的分版套色印刷是什么时候出现的呢？

根据流传下来的套印本实物来看，元代的《金刚经注》印行后约250年间，再没有其他的套印本，直到明神宗万历年间（公元1573—1620年），套印本才再次登上历史舞台。

这次伴随套印本同时出现的，就是多版套印技术。而浙江湖州的两大刻书家族——闵氏和凌氏，正是这种套印技术的引领者。

闵氏家族中，参与套色印书的共有三代20余人，刻书最多的代表人物是闵齐伋（jí）。可以确定的42部闵氏套色印本中，能够归到闵齐伋名下的，就有18种之多。虽然闵齐伋不过是一介秀才，但他有一个中过进士的二哥，叫闵梦得，官至兵部尚书，家资殷实，对闵齐伋的刻书事业给予了莫大的支持。

万历四十四年（公元1616年），闵齐伋用朱墨双色套印了《春秋左传》，这是一部带有批点的儒家经典，正文部分用墨色，批点文字用朱

◎ 闵齐伋刻印的双色套印本《春秋左传》

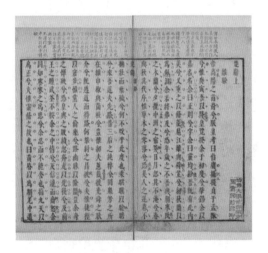

◎ 闵齐伋刻印的三色套印本《楚辞》

色，赏心悦目，且便于阅读，受到了当时士子的广泛欢迎。

除了双色套印本外，闵齐伋还印有三色套印本。如万历四十八年（公元1620年）出版的《楚辞》和《战国策》，皆为黑、红、蓝三色套印本。开本宏阔，版面宽大，行格疏朗，纸张洁白，刻印精良，真是美不胜收，令人爱不释手。

比闵齐伋年长几岁的族兄闵绳初，在万历年间（公元1573—1620年）刻印了一部黑、红、蓝、紫、黄五色套印本《文心雕龙》，正是明代博学才子杨慎的五色评点本，正文为黑色，圈点有红色、紫色（褐色）、黄色和蓝色（青色）。

《文心雕龙》是中国南朝文学理论家刘勰（xié）创作的一部理论系统、结构严密、论述细致的文学理论专著，共10卷，50篇。成书于公元501—502年间。它是中国文学理论批评史上第一部有严密体系的、"体大而虑周"的文学理论专著。

比闵氏刻书稍晚的凌氏，是闵氏的世代姻亲。凌氏从事套印的也有20多人，最出名的是凌濛初。凌濛初最为人熟知的是两部白话小说，叫《初刻拍案惊奇》和《二刻拍案惊奇》，即文学史上号称"三言二拍"中的"二拍"。

◎ 闵绳初刻印的五色套印本《文心雕龙》

凌濛初的套色印本与闵齐伋套印本相比，无论是风格还是技术水准，几乎完全一致，与之形成争奇斗艳之势。凌濛初热衷于出版文人诗集，他曾出版过双色套印本《陶靖节集》《王摩诘诗集》《韦苏州集》《李长吉诗歌》等，辑录名家批点，有的评点甚至出于凌濛初自己之手。

凌濛初的族兄凌瀛初，用黑、红、蓝、黄四色套印过《世说新语》，这是一部带有三家批点的版本。其中，原文用墨色，三家的批点文字分别用蓝色、红色和黄色。各家批点，萃于一书，一目了然。族人凌杜若曾用朱墨双色套印过儒家经典《周礼》。

在闵、凌二氏的带动下，套色印本在明后期呈现出一派繁盛的景象。除了闵、凌二氏，还有一些书商和私人步入套色印刷的行业。不过，官府刻书中并没有出现套色印本。最早的官刻套色印本，是在清代内廷的武英殿刊行的。

◎ 凌濛初刻印的双色套印本《李长吉诗歌》

双色、三色，乃至四色、五色，虽然色彩

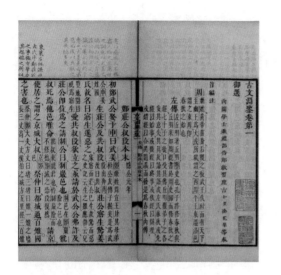

◎ 清代武英殿刻印的五色套印本《古文渊鉴》

种类多少不同，但是分版套印的方法是一样的。

试想一下，假如我们想用分版套印的方法，来重新印刷无闻和尚的《金刚经注》，应该怎么做呢？

首先，请刻工雕刻两套版片，一套版片雕刻大字经文，另一套版片雕刻小字注文。准备两块印刷台案，并排固定，中间留有一定的空隙。将一沓印纸的一端固定在右侧印台的左边缘。先将经文印版固定在左侧印台上，用圆刷均匀涂上红色，翻过来一张纸覆盖在印版上，用耙子来回快速擦拭纸背，红色经文便印在了纸面上。之后，揭开印纸，垂在两块印台的空隙中。再翻过第二张纸，盖在左侧印版上，按照前面的方式刷印。当一沓印纸全部刷完后，移走经文印版，换上注文印版，固定位置，涂上黑色。仍旧依照前面的方法，将印过红色经文的印纸，一张张地在相应位置印刷上黑色注文。这样，朱墨套印便完成了。

一般说来，有几种颜色，便需要雕刻几套印版，相比只需要一套印版的单版印刷而言，印刷成本成倍上升。然而，多版套色印刷不用担心涂错颜色，如果几块书版位置固定准确的话，也不会出现颜色叠压在一起的现象。比起单版分次印刷，多版套印技术在印刷质量上有巨大飞跃。

然而，这种文字套色印刷还不是中国古代套印技术的最高水准，传统套色印刷技术的巅峰出现在版画印刷领域。

4.敷彩与夹缬
——版画套色印刷的前奏

版画，顾名思义，就是利用雕版技术印在纸上的图画。咸通九年雕刻的《金刚经》和至正元年雕刻的《金刚经注》，其中的插图就是版画。后世用雕版印刷的单幅年画，比如贴在大门旁的门神图，也是版画。与单纯的文字书籍相比，版画对色彩的要求更加强烈。

那么如何在版画中表现不同的色彩呢？元代刘觉广采用单版分别涂色、分次刷印的方式，用朱墨双色印刷了《金刚经注》中的"无闻和尚注经图"。在此之前，采用的则是印刷与手绘相结合的涂色方式，这种方法叫作"敷彩"；还有从纺织印染领域借鉴的"夹缬（xié）"技术，二者可以看作版画套色印刷的前奏。

敷有"涂抹"之义，敷彩就是涂色的意思，即用雕版在纸上印出黑色的线条图，然后再手工涂

◎ 在应县木塔中发现的辽代版画《药师琉璃光佛说法图》，用敷彩方法印制

应县木塔建造于辽清宁二年（公元 1056 年），是中国现存最高最古老的一座木构塔式建筑，与意大利比萨斜塔、巴黎埃菲尔铁塔并称"世界三大奇塔"。1974 年，在木塔四层释迦塔主佛释迦牟尼像的腹内，发现了一批辽国的印刷品。

色。严格来说，敷彩并不算套印。

1974年，在位于山西应县的辽代木塔——应县木塔中，发现了七幅绘画。其中，有三幅是用雕版印在麻纸上的版画。这三幅版画，有两幅叫《药师琉璃光佛说法图》，另外一幅名为《炽盛光佛九曜（yào）图》，它们都是用敷彩方式制成的。九曜的说法传自印度，是印度历法有关九种天体的统称。

另外，在应县木塔发现的七幅绘画中，还有三件绢质的《南无释迦牟尼佛像》，如下图为其中一件，画面上有红色、蓝色、黄色三种颜色，画面中间有明显的折痕，左右对称，以折痕为中心，镜像展开，甚至左右两侧的文字，都是相反的。这些特征表明这件《南无释迦牟尼佛像》是夹缬工艺制成的。

夹缬是一种古老的染布方法，起源于隋唐之际。"缬"字是指在丝织品上印染出图案花样。

◎ 夹缬工艺制成的《南无释迦牟尼佛像》

◎ 民国时期的夹缬印版

如果用夹缬的方法在绢布上染出两朵红色小花，该怎么做呢？

先用两块同样大小的木板，镂刻出两朵一模一样的小花。然后，将绢布对折，夹在两块木板之间，用铁架将木板夹紧。之后，将红色染料注入木板镂刻小花的部位。拆掉木板，展开绢布，两朵位置对称的红色小花便赫然出现在了绢布上。

当然，夹缬和套色印刷不是一回事。不过，这种工艺也许对版画的套色印刷有一定的启发意义。

应县木塔这几件绘画被发现的前一年，也就是1973年，在西安碑林出土了一幅颇为有趣的年画，代表了版画彩印的另一种表现形式——单版套印。

5.《东方朔盗桃》
——版画中的单版套印技艺

1973年，在陕西的西安碑林中，发现了一幅彩色版画。画的是一个老头肩挑一根桃枝，回头观望，面露喜色，并做疾步快走之状。这幅版画叫《东方朔盗桃》，扛着桃枝的老头名叫东方朔，他是汉武帝时期的辞赋家，性格诙谐，善于谈笑取乐。

这幅版画很大，纵高100.8厘米，横宽55.4厘米。人物主体由浓墨和淡墨两种颜色构成，而桃枝的叶子则为浅绿色，可以算是三色印刷了。大概印制于宋金时期，一般被看作最早的套色版画。

其印刷的方法是：在一块木版上相应的部位分别刷上浓墨、淡墨和绿色，一次印成。另外，人物的眼睛、眉毛、嘴唇，是印好之后用毛笔勾画的。从技术角度来说，这种单版分色单次印法，比印绘结合的敷彩法，向前迈了一步。

明代后期，出现两部用类似方法印刷的版画集，色彩艳丽，印制精美。一部叫《花史》，万历二十八年（公元1600年）雕印；

◎ 宋金时期的套印版画《东方朔盗桃》

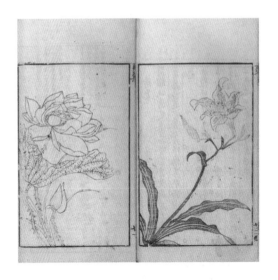

◎ 双色套印版画《荷花》与《萱草花》，选自《花史》

另一部叫《程氏墨苑》，万历三十三年（公元1605年）雕印。

《花史》每页都先列一幅彩色的花卉图，后面附有简略的说明和栽培方法，是一部花卉图谱。雕印的方法是：雕刻一块整版，将几种颜色分别涂在版片上，比如红色涂在花上，绿色涂在叶子上，棕色黄色涂在树干上，然后在印版上铺上纸张，一次印成。有的是在一块版上涂两种颜色印刷而成的，有的则涂三种颜色印成。

稍后出现的《程氏墨苑》，是程大约编纂的墨谱图，由名家绘制，延请徽（huī）州著名刻工家族黄氏刊刻。程大约是徽州一个墨商，精于制作，他制造的墨曾作为贡品进入宫中。

当时徽州还有另外一个墨商，名叫方于鲁，幼年家贫，曾拜程大约为师学习制墨。后来与师父产生矛盾，便自立门户，并编印了一部印制精美的《方氏墨谱》，来宣传自己的产品。

方于鲁的行为令程大约非常愤怒，于是，他不惜工本，延请著名画家和著名刻工，刻印了这部《程氏墨苑》。为了力压方于鲁墨色印刷的《方氏墨谱》，程大约在《程氏墨苑》中采用了大量的彩色插图。

《程氏墨苑》彩色版画的印制方法与《花史》相同，但印刷水平较《花史》更为高超。它约有五十幅彩色版图，多半包括四种甚至五种颜色。如《龙门》图和《巨川舟楫》图，包含蓝色、绿色、棕色、黄色等

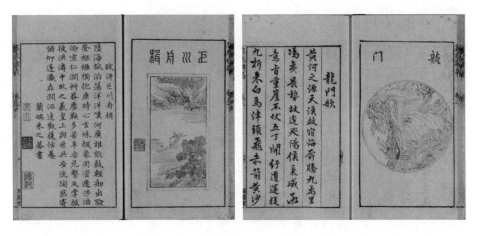

◎ 《程氏墨苑》中的彩色插图《巨川舟楫》和《龙门》

多种颜色，线条细腻流畅，颜色鲜艳流丽，美感十足。

印绘结合的"敷彩"印法、单版分色印法，以及与雕版套印性质不同的绢丝夹缬印染法，是分版套色印刷出现之前的主要彩印方法。

在《花史》和《程氏墨苑》问世后不久，大概与湖州闵、凌两氏乐此不疲地套印儒经、文集批点本同一时间，有两个人正在琢磨版画的分版套印技术，并成功地将"饾（dòu）版"技术搬上印刷史的舞台，从而将传统雕版印刷中的套色印刷技术推上了巅峰。

6. 饾版与拱花
——古代套印技艺的巅峰

饾是个形声字，读音同声旁"豆"；形旁是食物的"食"，表明饾版的命名和食品有关，事实正是如此。

古代有一种小点心，名叫"饾饤（dìng）"，是将各种颜色的小饼做成好看的形状，堆叠在盘子中或者盒子中。饾版一词即来源于饾饤。这种颜色缤纷、堆叠陈列的小饼，叫饾饤；类似地，将多块小印版涂成不同的颜色，拼在一起，就是饾版。

饾版技术的产生，与两个明代人有关，一个叫胡正言，一个叫吴发祥。

◎ 各种颜色的小印版

　　胡正言是安徽人，曾一度隐居在南京鸡笼山旁。他在屋前种了十余棵竹子，于是便将住所命名为"十竹斋"。胡正言善于制墨，同时也精通篆刻和绘画，曾经为南明小朝廷雕刻过传国玉玺。

　　公元1619年到公元1627年的9年间，在经过反复琢磨和试验后，他终于用饾版技术，印出了一部精美绝伦、雅俗共赏的彩色套版花鸟写意画图录，即《十竹斋书画谱》。

　　这部书画谱分为八个部分，分别是书画谱、墨华谱、果谱、翎（líng）毛谱、兰谱、竹谱、梅谱和石谱，收录写意画180幅。全书用生宣印刷，色彩过渡自然，宛如毛笔绘制。现代著名版画家郑振铎对其赞不绝口，称其已经位列古代彩色版画的"至高之界"，其技术已经达到"最精至美之境"。

◎ 胡正言《十竹斋书画谱》插图"黄鹂与枸杞"

《十竹斋书画谱》印行后17年，即明朝灭亡、清军入关的公元1644年，胡正言又用饾版技术，印刷了一部笺（jiān）谱——《十竹斋笺谱》。

笺，指用来写信、题诗的精美纸张。当时文人用的书笺，上面一般都套印彩色的图案，既美观又富有情趣。所谓"笺谱"，就是书笺图案的谱录。

这部《十竹斋笺谱》一共四卷，收录图画283幅，在运用饾版技术的同时，还采用了一种叫作"拱花"的技术，这是一部饾版和拱花相结合的套色印刷品。

拱花是一种无色印刷技术，当印版不涂色时，将纸张覆盖在无色印版上，用工具（比如布团）碾轧，印出来的东西只有凸凹感，没有颜色，类似浮雕，和钢印的效果相似。

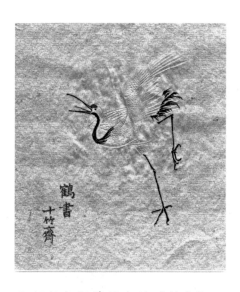

◎ 饾版与拱花结合的"鹤书"，选自《十竹斋笺谱》

拱花本身与套色印刷并无关系，但一旦与饾版印刷相结合，便成为彩色套印的技术手段了。饾版套色印出的图画，经过拱花这一步骤，印出来的图画不仅色彩鲜艳，而且凸凹有致，看上去赏心悦目，摸起来层次分明。

例如《十竹斋笺谱》中的"鹤书"，便采用饾版与拱花技术结合的方式，白鹤的身体和翅膀由拱花技术制成，一双白色羽翼富于张力，充满骨感灵动之美。

与胡正言同一时代，同样居住在南京的吴发祥，也领悟了拱花和饾版印刷技术，他的《萝轩变古笺谱》，出版于公元1626年，不仅比《十竹

◎ 《萝轩变古笺谱》中的"塔影入云藏"

斋笺谱》早，而且比《十竹斋书画谱》还早一年。

　　《萝轩变古笺谱》一共收录178幅笺画，色彩和谐，选材丰富多样，绘写工致，镌刻精巧，极具艺术欣赏价值。

　　饾版印刷流程是：先根据画稿的颜色，分刻成若干印版，每种颜色雕刻一个印版。然后将各个印版先后固定在印台上，对照原稿，分别涂上相应的颜色，一版一版、一次一次地覆纸印刷。所有印版都依次印过之后，一张与原来的画稿几乎一模一样的印刷品就完成了。

具体可分为以下五个步骤：

（1）分版。在深度解读原画的前提下，按照画面的色泽浓淡、水分干湿、层次重叠、幅面大小等因素，分析成许多版样。复制一些复杂的作品，甚至需要分成几百甚至上千块版样。

（2）勾描。分版方案既定，将不同的版样分别描摹到半透明的雁皮纸上。勾描工作对技术要求非常高，一般由书画高手来担任描摹工作。

（3）上版。在打磨光滑的木板上，均匀涂抹糨糊，将完成勾描的版样反贴在木板上。用手指蘸水，轻轻搓揉版样背面，搓掉多余的纤维，使版样上的墨迹更为清晰，便于雕刻时看清笔迹的起始和笔墨的特点。这与雕版印刷的上版工艺相同。

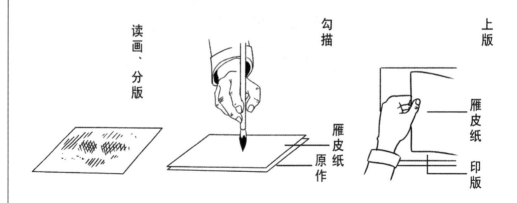

（4）刻版。运用刻刀进行细致入微的雕刻。

（5）刷印。按照"由浅入深、由淡到浓"的顺序，依次将印版用膏药泥固定在印台上，用圆刷涂上相应颜色，铺上宣纸，扯平，用耙子按压宣纸，将颜色印到宣纸上。印完一块印版，移走，将另外一块印版固定在印台上，涂上颜色，再次刷印，直到将所有印版都刷印完毕为止。

胡正言和吴发祥创制的饾版印刷技术，代表了中国古代版画套印的最高水准。饾版的精髓在于，利用水性墨和植物颜料，可以在宣纸上完美地表现中国写意画的神韵。

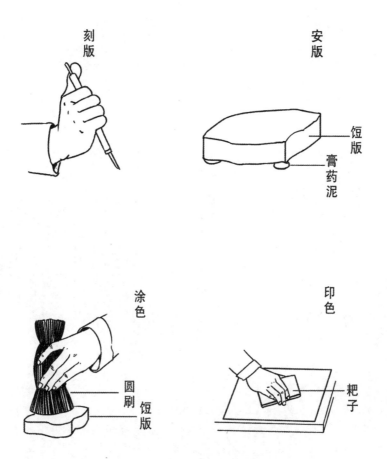

刻版

安版
馆版
膏药泥

涂色
圆刷
馆版

印色
耙子

　　因为是在木雕版上用水性墨和颜料进行印刷，馆版印刷又称作"木版水印"。如今，已经被列为中国非物质文化遗产的木版水印技术，不再限于印制小篇幅的书画谱和笺谱。用它来复制中国画的鸿篇巨制，几乎可以达到乱真的程度。

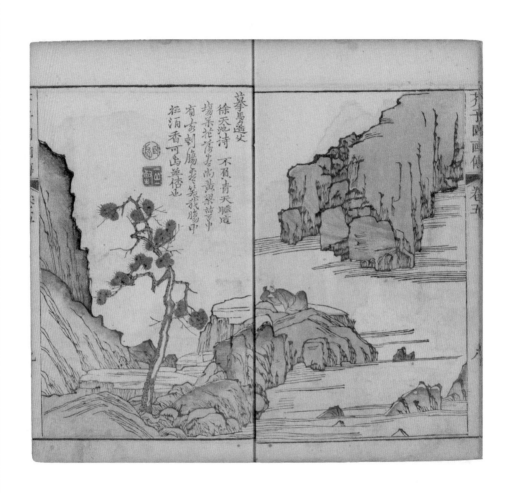

◎ 清代五色套印本《芥子园画传》初集

第四篇

活字印刷技艺

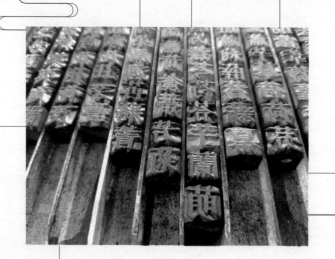

雕版印刷术的出现，使书籍批量印刷成为可能，此时书籍的产生和流通的速度，是手抄书时代无法比拟的。不过，雕版印刷并非尽善尽美，它自身存在着一些难以克服的缺陷。

比如，雕刻工序很复杂，耗时长，发现错字修改麻烦等。而且购置版片和刻工费用，也是一笔不小的支出。一套书版只能用来印刷一种书，几百上千块版片的贮藏也是一个问题。

总之，对于大多数人来说，雕刻出版书籍是一件可望而不可即的事情，许多有意出版自己著述的读书人只能望洋兴叹。于是，针对雕版印刷的这些弊端，另外一种复制技术——活字印刷应运而生。

1. 北宋布衣毕昇发明泥活字

作为活字印刷术的发明者，毕昇对当代中国人来说，恐怕无人不知、无人不晓。不过，在他生活的那个年代，他不过是一个身份低微的"布衣"，一个普普通通的平头百姓。

毕昇这个名字能够被后世记住，多亏了沈括的《梦溪笔谈》。

沈括是北宋的政治家、科学家，当过翰林学士，掌管过天文历法、国家财政，还曾出使辽国，参与王安石变法，领兵抵御西夏。不过，沈括最大的成就，在于他晚年退休后，隐居梦溪园，写的那部笔记体的科学著作——《梦溪笔谈》。

这是一部百科全书式的著作，内容涉及天文、数学、物理、化学、生物等多个学科，被称作中国科学史的里程碑。《梦溪笔谈》中的很多科学成就，在当时都处于世界领先地位。比如，沈括发现指南针并不是指向正南，而是稍微偏东，从而明确提出地磁偏角的概念，这比欧洲至少早一个多世纪。他还做了声音共振的纸人实验，用蜡和木屑来制造立体地图，正确地为石油命名，这些都要比欧洲早几百年。

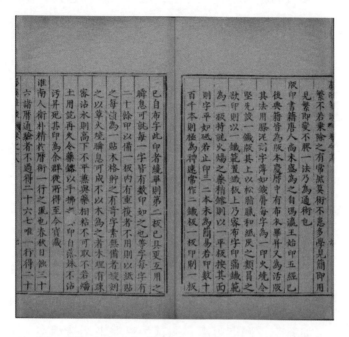

◎ 沈括《梦溪笔谈》中对毕昇发明泥活字术的记载

在《梦溪笔谈》第18卷中，沈括记载了毕昇和他创制的泥活字。

根据《梦溪笔谈》的记载，我们知道毕昇是北宋的一个平民，在庆历年间（公元1041—1048年）创制了泥活字。他很可能是一个刻工，由于长期从事雕版印刷工作，很清楚雕版的种种不足。比如，雕刻工序复杂，耗时长，购置版片和雇用刻工的费用高昂；一套雕版只能刷印一种书籍，重复利用率低，等等。既然如此，是否能够将整块雕版变成一个个独立的字块，通过重新组合，来完成对不同书籍的印刷任务呢？

当毕昇尝试将木雕版变成活动的木字丁时，他发现木质字丁存在不能解决的问题。一个是木块的纹理有疏有密，刷上墨水后，各部分吸水性不同，导致膨胀变形，字面高低不平。刷印时，字面低矮的文字就不能清楚地印在纸面上，严重影响印刷质量。

另外一个问题是，印刷排版时，需要将木块固定在版面上，木块很容易与用于固版的黏合剂粘在一起，难以分开。这样，活版又变成了"死板"，没办法继续印刷。

经过一番试验，他发现用胶泥制作活字效果很好。于是，胶泥活字诞生了。

什么是胶泥呢？沈括在《梦溪笔谈》中没说。有人说胶泥是道家炼丹用的"六一泥"，由"6+1"即七种成分制成，作用是涂在炼丹炉的内壁，炼丹时防止丹气外泄。考虑到六一泥原料不易得，制造过程复杂，配制起来并不容易，用六一泥来制造活字，恐怕有些奢侈。

其实，胶是黏的意思，顾名思义，胶泥就是黏性强的泥。这种泥又叫作澄泥，由普通的黏土经过反复淘洗过滤制成，泥质特别细腻，黏性很强。古代有澄泥砚（yàn）、澄泥印，即用澄泥制成的砚台和印章，经高温烧制，坚如磐石，硬度很高。用这种澄泥来制造活字，比较符合事实。清代出现的泥活字，就是用这种澄泥制造的。

毕昇泥活字的印刷工艺流程如下：

（1）制造活字。将经过反复淘洗的澄泥，制成一个个大小相同的泥块。在薄纸上写字样，反贴在泥块表面，如同雕版一样，刻出反体阳文字。同一个汉字，有的要制作好几个泥活字，尤其是常用的汉字，如"之""乎""者""也"这类虚字，在古书中特别常见，往往要刻二十几个活字。这样，即使某个汉字在同一版面中出现多次，也足够使用。如果在印书的时候，遇到生僻的字，没有提前刻好的活字，也不要紧，临时刻制即可。

字丁刻好之后，放在阴凉处自然晾干。然后，放进炉子里高温烧结。这样，坚硬如铁的泥活字便制成了。

泥经过高温烧制，便成了陶，因此，有人把毕昇的泥活字叫作陶活字。邻邦朝鲜仿照毕昇活字法制造的泥活字，就称作陶活字。

（2）贮藏检索。如此多的泥活字——恐怕要几万，甚至十几万个——该如何合理贮藏，如何检索使用呢？今天我们在字典中检索一个生字，有部首检字法和拼音检字法，毕昇那个年代常用的是韵部检字法。

什么是韵部呢？我们知道，诗歌是要押韵的，能够押韵的一类字便属于同一个韵部。韵部的概念，大概相当于现代汉语拼音中的韵母和声调的组合。同一个韵部的汉字，放在一个木格子里，在木格上贴上代表这个韵部的韵目。需要哪个字，就在这个字所在的韵部格子里找。其原理和拼音检字、部首检字没有本质的区别。

（3）排字固版。准备一块表面平整的铁板和一个稍小的矩形铁框，这个铁框称作"铁范"，范就是模子的意思。将铁范放在铁板上，在铁范内放入一层松脂、蜡和纸灰的混合物。然后依照底稿，开始在铁范内一个字一个字地排布泥活字。

铁范内排满活字后，将铁板放到火上烤。铁板受热，上面的一层松脂混合物便开始融化了。这时，用一块平板压在泥活字的表面，活字便

◎ 中国国家博物馆藏毕昇泥活字复制品

嵌进松脂混合物中，每个活字的表面都处于同一水平高度，整个版面平整得如同一面光亮细腻的磨刀石。

排版工作完成，等待松脂混合物冷却凝固后，便可以交给印工来印刷了。

（4）覆纸刷印。待松脂混合物凝固后，活字板实际上已经成为一块固定的死板，同雕版没有什么区别了。刷印的方法也一如雕版，首先在字面上均匀刷墨，然后覆上印纸，用耙子来回刷拭。

为了提高工作效率，一般需要准备至少两块铁板，由两名工匠配合工作。排字工在一块铁板上排好活字，交给印工刷印。在印工刷印的同时，排字工也没有闲着，而是用另一块铁板继续排下一页。

（5）拆板归字。当一版印够所需要的份数后，将铁板再放到火上烤，松脂混合物受热融化，活字松动，用手轻轻一拂，便自动剥落。最后，将用完的活字放回到韵部格子里，以便以后使用。

毕昇的这套泥活字后来由沈括的子侄辈收藏，再后来就下落不明了。

由于史料记载的缺失，我们不知道毕昇用这套泥活字印过什么书，现在也没有当时的泥活字书籍流传下来。

不过，毕昇泥活字印刷技术发明不久，便有人在仿效他的方法印刷书籍了。在毕昇去世后约140年的公元1193年，南宋丞相周必大用"胶泥铜板"印刷了自己写的一部书，叫作《玉堂杂记》，印刷方法就是从《梦溪笔谈》中学来的。但与毕昇泥活字印刷术不同的是，用来排布活字的铁板，被周必大换成了导热性能更好的铜板。可惜的是，这部泥活字本《玉堂杂记》也已经失传。

不过，令人欣慰的是，考古学家们发现了一些距离毕昇时代不太远的宋朝和西夏的泥活字印本。

20世纪60年代，在浙江温州的白象塔内，出土了一件《佛说观无量寿佛经》残片，虽然不到一页纸，只有160余字，但意义重大。经部分印刷史学者鉴定，这可能是一件泥活字印品，印刷的时间大约在崇宁二年（公元1103年）之前，距毕昇去世只有50年。如果上述说法可信，这应该是现在发现的最早的泥活字印本了。

后来又出土了几件西夏文的泥活字经书，印刷的时间和南宋周必大生活的时代相当。西夏文是仿造汉字创造的，也是方块字。西夏文泥活字印刷，无疑是受到宋代泥活字印刷技术的影响。这些泥活字印本的发现，证明《梦溪笔谈》记载的毕昇泥活字印刷术，不是仅仅停留在理论层面，而是已经广泛用来印书了。宋代的毕昇发明了泥活字印刷术这个事实，是不容置疑和否认的。

毕昇发明的泥活字，成本低廉，制作方便，便于贮藏，可以反复利用，是印刷史上的伟大革命。

◎ 白象塔出土的《佛说观无量寿佛经》残片

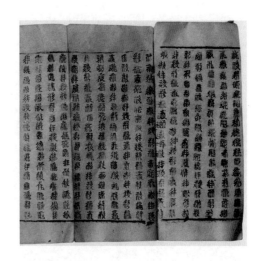

◎ 西夏泥活字本《维摩诘所说经》，印刷时间约在12世纪中期

2.清代老秀才翟金生再造泥活字

毕昇之后，木活字和金属活字相继被发明，并逐渐推广，泥活字并没有成为中国古代活字印刷术的主流。在很长一段历史时期内，泥活字仅仅是一种存在于文献中的历史记载，而作为一种实用的印刷技术，它几乎被遗忘了。

直到清代中期，一个沉沦半生的老秀才，在《梦溪笔谈》的启发下，以三十年坚忍不拔、持之以恒的毅力，造出泥活字十余万枚。泥活字又以令人惊艳的姿态，回归人们的视野之中。翟金生也将自己的名字永远留在了活字印刷史的功名簿中。

翟金生一生科考不中，靠当私塾先生为生。有一天，他翻开《梦溪笔谈》第18卷，读到毕昇造泥活字那段文字时，不禁拍手称快，心想天下还有这等印书的利器，立刻就有了效仿的念头。于是，他动员全家，发动儿子、侄子、孙子、外孙乃至私塾学生，一起动手制造泥活字。他花了30年的时间，先后制造了十多万枚泥活字。

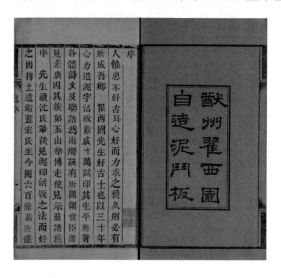

◎ 翟金生用泥活字摆印的《泥版试印初编》，国家图书馆藏

大约在道光二十四年（公元1844年），翟金生用自己所制造的泥活字，试印了自己的诗集。印出来的文字墨迹清晰、笔画匀称，十分成功，他遂将此集命名为《泥版试印初编》，以示纪念。

后来，翟金生又印了《泥版试印续编》，为晚清禁烟名臣黄爵滋排印了一部诗集——《仙屏书屋初集》，又排印了族弟翟廷珍的文集《修业堂集》。

咸丰七年（公元1857年），已经八十三岁的翟金生，还命孙子用这套泥活字排印了自家的族谱《水东翟氏宗谱》。

虽然制造了这么多泥活字，也排印了不少书籍，但翟金生似乎并不觉得这是一件居功甚伟的大事。从他在《自刊》诗中写道"一生筹活版，半世作雕虫"，将其自嘲为雕虫小技，可见一斑。可能正是这个原因，翟金生并没有将泥活字的印刷工艺记录下来。

◎ 翟金生用泥活字排印的《仙屏书屋初集》，国家图书馆藏

不过所幸的是，20世纪60—70年代，人们在翟金生老家——桃花潭东岸的水东翟村，发现了当年烧造的大量泥活字。

这些泥活字是标准的宋体字，就是我们现在常用的印刷体。分为特号、一号、二号、三号、四号5种字号，其中最小的四号字（下图第一排左侧三枚）比我们现在用的五号字还要小，可以想象一下其笔画的细腻程度。

在这些泥活字中，有一种正体阴文字丁，与吕抚的阴文字丁是一样的，制作过程和作用也相似。不过，吕抚是用来在油泥版上印反体阳文字，而翟

◎ 翟金生制造的各种型号的反体阳文泥活字，中国科学院自然科学史研究所藏

◎ 用来制造反体阳文字丁的正体阴文字模

金生则用来制造反体阳文活字，性质同模具差不多，可以叫作字模。

这种字模的发现，为我们揭示了翟金生制造泥活字的大致方法：淘洗澄泥—制造阴文泥字模—烧制字模—制造阳文泥活字—烧制泥活字。

如何来制造阴文泥字模呢？方法应该和吕抚活字泥版造泥字法差不多。具体方法是：准备一个可拼合、可拆开的铜质方形管，嵌套在雕版上的反体阳文文字上，在方管内塞满澄泥挤压。之后拆掉方管，取出泥字丁，形成的便是正体阴文泥字模。

然后再将烧结变硬的字模嵌套进方形铜管中，依前法制造阳文泥活字。

与毕昇泥活字相同的是，翟金生的泥活字也以澄泥为原料，经过高温烧结制成。不同的是，毕昇的泥活字是刀刻的，而翟金生的泥活字是用泥字模制成的；毕昇排布活字的范是铁质的，而翟金生仿效周必大，换成了铜板。

另外，毕昇用松脂、蜡和纸灰作为胶剂，来固定一个个活字，使活字版字面整齐划一。翟金生是采用了这个办法，还是采用了后文将要提到的元代王祯的竹片固版技术呢？这一点尚不清楚。

在活字印刷史上，泥活字出现最早，造价最低廉，却是利用最少的。而稍后出现的木活字，却后来居上，成为活字印刷的主流。

3. 西夏文木活字佛经
——最早的木活字印本

由雕版印刷转入活字印刷的过程中，最自然、最容易被人们想到的，一定是和雕版同样材质的木活字。毕昇当初也尝试过木活字，但由于受固版技术所限，木活字容易与融化的固版胶剂粘在一起，很难拆版。所以，木活字被毕昇放弃了。

毕昇之后，不断有人进行研究，最终采用了新的固版技术，从而也就解决了木活字拆版难的问题。木活字登上印刷史的舞台，并逐渐占据活字印刷的主流地位。现在存世的活字印本，绝大多数都是木活字本，其中最早的，当属印刷于12世纪下叶的西夏文木活字佛经《吉祥遍至口和本续》。

1991年，考古学家对位于宁夏贺兰山深处的千年古塔拜寺沟方塔的废墟进行抢救性发掘时，挖出大量西夏时期的文物。其中，最引人注目的，既不是被小心翼翼包裹起来的佛骨舍利子，也不是成百上千的泥塑小佛像，而是一部用西夏文印刷的佛经，名叫《吉祥遍至口和本续》（以下简称《本续》）。

这是一部密传佛经的西夏文译本，一共9册，每册页数多少不一，最少17页，最多37页。全书约10万字，文字工整，版面疏朗，纸质平滑，墨色清新，堪称上乘之作。

◎ 《本续》书影，蝴蝶装

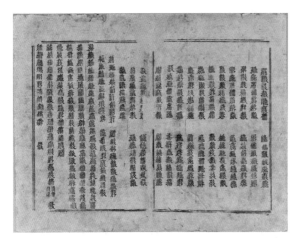

◎ 《本续》书页

这部西夏文印刷的佛经，是雕版印刷品，还是活字印刷品呢？这个至关重要的问题，在它刚出土时，尚未研究清楚。

经过挖掘小组的领队牛达生教授一段时间的深入研究，最终认定这是一部木活字印本。

他发现，这部书有明显的活字版特征。比如，由于活字版的板框是由木条拼上去的，因此板框四角不衔接，栏线间有缝隙；又由于活字版的字丁是一个一个地摆上去的，如果排字工不仔细，就会出现摆反的字丁，印出来的文字就有倒字，雕版中不可能出现这种情况。而这两种情况在这部经书中大量出现，说明这是一部活字印本。

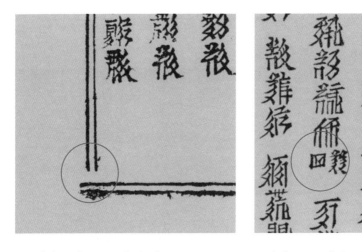

◎ 《本续》的活字本特征：左图版框栏线相接处有较大缝隙；右图"四"字倒排

确定了是活字本，但究竟是泥活字还是木活字呢？

毕昇的泥活字是用胶剂固定在铁板上的，而木活字容易和胶剂粘在一块，所以木活字不采用胶剂固版，而是用小竹片将木活字挤在木板的板框中。固版模式不同，导致泥活字和木活字印本有一个重要的差异，即木活字本会出现这些小竹片印出来的痕迹——一些断断续续、墨色深浅不一的细线。

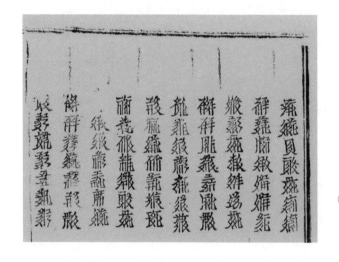

◎ 《本续》行与行之间出现的断断续续的细线

另外，在木质和泥质上雕刻的字形不尽相同。泥活字的字体比较呆滞，笔画钝拙；木活字的字体则笔画流畅，笔锋犀利。

《本续》每行文字间出现的细线以及流畅犀利的笔画表明，它应当是一部西夏时代的木活字印刷品。

这部经书大约印成于公元1140—1193年间，比毕昇创制泥活字时代晚了100多年。在《本续》被发现之前，人们普遍认为木活字是元代王祯创制的，时间在公元1298年前后。而《本续》的发现，则确凿无疑地证明了在宋代就已经有了木活字印刷，而且技术水平已经相当高超了，木活字印刷的历史被提前了100多年。

继《本续》被发现之后，又有几部西夏木活字印本被陆续发现。表明木活字印刷在西夏这个与北宋并立的地方政权内，是多么流行。

公元1908—1909年，有一个叫科兹洛夫的俄罗斯军官，带领一队职业军人进入位于中国内蒙古境内的西夏故城黑水城，盗掘了近万件珍贵的西夏文献和艺术品，运回俄罗斯圣彼得堡。

黑水城是西夏故城，位于干涸的额济纳河（黑水）下游北岸的荒漠上。它曾是西夏政权十分重要的城镇，是漠北通往内陆的重要交通枢纽，一度十分繁华。大约1350年前后，被荒漠吞噬，成为一座废城。20世纪初，俄罗斯军人科兹洛夫带人进入黑水城，在荒漠的废墟之中，挖出了数量惊人的西夏文献和艺术品，全部盗回圣彼得堡，至今仍旧没有整理完毕。

1993年，我国学者应邀前往俄罗斯整理这批文献时，偶然发现一部名为《三代相照言文集》的西夏文禅宗作品，一共41页。经鉴定，这也是一部西夏时期的木活字印本。

西夏时期的木活字佛经，是迄今发现的最早的木活字印刷品。不过，虽有印刷实物传世，却没有文字记录下来西夏木活字的印刷技术是怎样的。木活字印刷和泥活字印刷，究竟有哪些不同呢？古人又是如何针对毕昇造木活字时所遇到的困难，而进行改进的呢？

这些疑问，有待元代的王祯给我们一一解答。

4. 王祯的《造活字印书法》
——最早的木活字文献

王祯创制木活字的光环，虽然随着西夏木活字佛经的发现逐渐黯淡，但王祯仍旧是活字印刷史上一个极为重要的人物。他详细记载了他所改进的木活字印刷技术，为我们了解早期木活字印刷的细节，提供了极为重要的文献依据。

王祯是元代初期泰安州（今山东泰安）人。元贞二年（公元1296年）至大德四年（公元1300年），出任宣州旌（jīng）德（今安徽旌德）县尹。县尹即一县之长，唐代称"县令"，清代称"知县"。

在中国古代，作为一方父母官，最重要的功绩莫过于劝课农桑，使百姓过上衣食无忧的稳定生活。王祯通过广泛参考古代农学书籍，访问田间老农，以及辛勤的耕作实践，编写了一部恢宏的农学巨著，史称《王祯农书》。

《王祯农书》一共有36集，包括《农桑通诀》《农器图谱》和《谷谱》三部分。《农桑通诀》属于一般性的农业通论；《农器图谱》是各种农具的图录；《谷谱》记录的是作物的栽培技术。卷帙（zhì）浩繁，洋洋洒洒，雕版印刷颇为困难。于是，他仿照之前出现的活字印刷方法，开始请工匠刻制木活字。

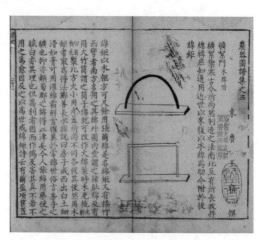

◎ 《王祯农书·农器图谱》书影

从大德元年（公元1297年）开始，不到两年时间，就造成木活字3万多枚。王祯在大德二年（公元1298年）先用木活字排印了《旌德县志》。不到一个月，印成了100部，印刷效果还不错。

但等他的《王祯农书》成稿准备印刷时，元朝政府考虑到这部农书的实用性，已经命令地方有关部门雕版印行了。于是，用木活字排印《王祯农书》的计划便不了了之。之后，这套木活字还有没有印过别的书，不得而知。而之前印刷的100部《旌德县志》也全部佚失，没有流传下来。

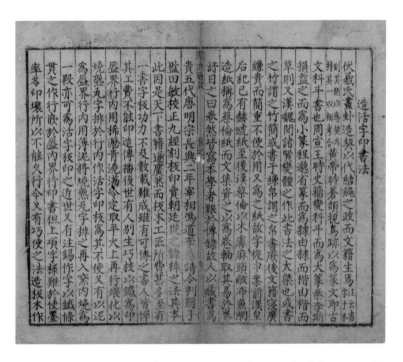

◎ 《王祯农书》中的《造活字印书法》，附在《农器图谱》卷末

所幸的是，王祯写了一篇叫《造活字印书法》的文章，附在《农器图谱》卷末，详细介绍了木活字印刷工艺。这是印刷史上继《梦溪笔谈》所载毕昇发明泥活字之后的第二篇重要文献。

根据《造活字印书法》的记载，王祯木活字印刷工序如下：

（1）写样刻字。按照通行的韵书，将汉字分为上平、下平、上（shǎng）、去、入五种声调（上平、下平分别相当于普通话中的一声、二声），让写字工整漂亮的写手抄在方格纸上。写好后，将方格纸反贴在木板上，请刻工依样刊刻。其中，"之""乎""者""也"等语助词，常用字，"一""二""三""四"等数目字，这些统称杂字，因印刷时需求量很大，要多写多刻，以备不时之需。另外，古书往往有小字注释，因此，每个字都要制造大小两枚活字。这样，总计需要制作活字3万余枚。

（2）锼（sōu）字修字。锼，意思是用锯子锯木头。将刻好的木板用细齿小锯沿方格线锯开。锯下的活字暂时放到一个筐里，让人用小裁刀修理平整。用一个活字作为参照物，全都修理成参照物一样大小，再收入另外的容器中，木活字便造成了。然后，将活字贮存在若干个木盘中，每个木盘都标明编号。

（3）制造韵轮。制作两个直径7尺（元代1尺约35厘米，7尺约245厘米）的大轮盘，轮盘中心安装立轴，立轴固定在一个大木垫子上，轮盘可以绕着立轴自由转动。在轮盘上铺一层竹席，上面摆放贮存活字的木盘。需要两个这样的轮盘，一个放韵

◎《农书》中的造活字韵轮图

书字，按照韵部分类；另一个放杂字。这便是韵轮。人坐在两个韵轮中间，可以自由转动轮盘，无论检字取字，还是活字归位，都十分便捷。

◎ 扬州雕版印刷博物馆收藏的韵轮复原模型

（4）唱字取字。将韵书字抄写成册并编号，与贮存活字的木盘编号一一对应。排版时，一个人手持韵书，大声喊出某字某号；一人坐在韵轮中间，左右转动轮盘，根据编号迅速找到这个活字，取出放在排版用的木盘中。

（5）排版垫板。拿来一块平直光滑的木板，四周用木条围起来做边框，制成木盔。将检取的活字，从左至右，由上而下，依次摆在木盔中。摆完一行，贴着放一条木片，再摆下一行。整版排满后，用小木条做成的木楔（xiē）子固定版面。如果版面出现高低不平的现象，用小木片垫在低矮的活字下面，以使版面平整。

（6）覆纸刷印。将排好的印版放在印刷台上，用棕刷蘸墨，顺着界栏的方向上下刷墨。不宜横刷，如果横刷，则容易对活字版的边框产生冲力，从而破坏版面。

王祯的木活字不用胶剂固版，改用木楔，并用木片垫板，从而解决了毕昇用木活字印刷时遇到的难题。

同毕昇制造的泥活字相比，制造木活字更容易，不需要淘洗细腻的澄泥，不需要高温烧制，排版、拆版时也不需要热熔胶剂。而且，木活字印刷出来的书籍，更接近雕版印刷，而泥活字的笔画略显呆滞。翟金生的泥活字印本已经算是佼佼者了，但与雕版印刷相比，仍旧有一定差

◎ 王祯木活字印刷示意图

距。这恐怕是木活字虽然发明较晚，却后来居上，成为活字印刷主流的一个重要原因吧。

王祯制造木活字20余年后，元至治二年（公元1322年），奉化（今属浙江）知州马称德可能受到王祯的启发，制造了10万枚木活字，印了《大学衍义》等书。

到了明清时期，木活字印刷渐渐普及，蔚然成风。从地方到中央，从私人到官府，木活字印刷被广泛采用。很多印刷机构都备有一套木活字，方便随时印书。

明清两代的木活字印刷，最值得一提的是清代乾隆时期的武英殿木活字印刷活动，规模最大，印刷最精。而且还专门编了一本小册子，记录了整个木活字印刷过程的每一个细节，告诉人们该如何制造活字，如何排版，如何刷印，甚至包括活字的尺寸、固版木块的长度、版盎的用料，仿佛一本木活字说明书或指导教材。下面，让我们回到乾隆年间，走进武英殿，切身感受一下木活字印刷盛况。

5. 清代宫廷木活字印刷
——《武英殿聚珍版丛书》

盛世修书，是中国历朝历代的传统。北宋初年有《册府元龟》《太平广记》《太平御览》和《文苑英华》四大类书，明朝永乐年间有《永乐大典》，清代与之地位相当的，首推乾隆年间纂修的《四库全书》。

乾隆三十七年（公元1772年），清廷开始向全国各级官府和私人藏书家，广泛征集图书。同时，还命学者从《永乐大典》中辑录失传的典籍，为纂修《四库全书》做准备。

搜书工作进展顺利，第二年，各地搜集进呈的典籍及从《永乐大典》中辑录出来的散简零篇，已经达到万种之多。乾隆帝觉得，应当从中挑选一部分有益于世道人心，且十分罕见的经典著作，先行刊刻流通，供天下士子研读。

乾隆帝将此事交给负责武英殿刻书事宜的内务府总管金简。接到命令，金简不敢怠慢，立即组织刻工雕版。在刻印了四种之后，金简发现雕版所用板片十分浩繁，而且刊刻起来特别耗时耗力。于是，他上奏乾

古代公私藏书将图书分成经、史、子、集四类，史称四部分类法。《四库全书》，即囊括四部分类法中的所有书，也就是天下图书的总汇。乾隆三十八年（公元1773年），清廷开始组织学者纂修《四库全书》，前后历经13年修成。收书3500多种，7.9万卷，3.6万册，约8亿字。乾隆帝命抄写7部，分藏7处藏书楼。北方紫禁城的文渊阁、沈阳的文溯阁、承德的文津阁、圆明园的文源阁各藏一部，称作"北四阁"；南方扬州的文汇阁、镇江的文宗阁、杭州的文澜阁各藏一部，称作"南三阁"。

隆皇帝，请求改用木活字印刷。

在奏折中，金简将木活字的优势分析得细致入微，乾隆阅览后，深表赞同，于是御笔一挥："甚好！照此办理。钦此。"

公元1773年，金简先命刻工按照计划刻了15万个枣木活字，后来发现不够用，又追刻10万余个，共计253500个木活字。在乾隆、嘉庆两朝，先后摆印了134种书，总计2389卷。

这些书行款一致，被命名为《武英殿聚珍版丛书》。作为活字的雅称，"聚珍"一词被后世沿用。日本将活字印本称作"聚珍版"，即来源于此。

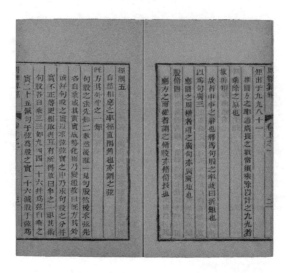

◎ 《武英殿聚珍版丛书》之《周髀算经》

金简专门写了一本叫作《钦定武英殿聚珍版程式》的小册子，记录了武英殿木活字印刷的整个流程，并配图加以说明。文字不多，但介绍得特别细致。

首先，制造木子。木子就是木块。先把枣木板锯成木条，井字形堆叠，晾干。然后用刨子刨平，再截成木子。截成的木子大小略有出入，要经过进一步的修理，使木子的大小整齐划一。修理的方法是，将十几个木块放到"木槽铜漏子式图"中的木槽中，用刨子刨平。木子分大小两种型号，大木子高2.8分（0.896厘米）、宽3分（0.96厘米）、厚7分（2.24厘米），小木子高2.8分、宽2分（0.64厘米）、厚7分。为了检测木子是否符合标准，准备两个铜质的方形漏子，中空的部分与大小木子型号一致，将木子穿过铜漏子。能漏过去的便是符合标准的，不能漏过去的，拿回去重新修理。

◎ 造木子图与木槽铜漏子式图

◎ 刻字图与刻字木床式图

其次，雕刻活字。将应刻的汉字写在方格纸中，裁开，反贴在木子上。做一个如"刻字木床式图"这样的刻字木床，5条槽，每条槽内放10个木子，一共摆放50枚木子。交给刻工刻字。

再次，制作字柜，用于贮存活字。按照康熙年间宫廷编撰的《康熙字典》

的部首分类法，制作12个大木柜，每个柜子有200个抽屉，每个抽屉分为8个格子，4大4小，大格贮大号活字，小格贮小号活字。在每个抽屉外面做好标签，方便检索。每个柜子前面放一个小凳，以便蹬踏取字。

此外，还需制作的配件有：

槽板。槽板就是摆放木活字的木盘，在《王祯农书》中叫作木盔，用陈年楠木制成。楠木是宫廷中用来做家具的上好材料，耐腐蚀，不容易变形，不容易断裂。为了坚固起见，楠木槽板四围用铜片包角。这个槽板的大小也有严格规定，除了版心外，左右正好放9行活字，每排21个字。

夹条、顶木、中心木。夹条放在两行活字之间，用来分隔活字和固定版面。有的行不满，有空白，这时用顶木来代替活字排满一行。一整版中间的部分，称作版心，或者叫书口，一般用来标明书名和页码等信息，版心的内容，用后面的套格来印刷。在活字版中，则用中心木来代替版心。夹条、顶木和中心木的规格多样，一般用松木制成。

类盘。类盘是用来检字的托盘，用

◎ 字柜图与字柜式图

◎ 槽板图与槽板式图

◎ 夹条、顶木、中心木总图
　与总式图

◎ 类盘图与类盘式图

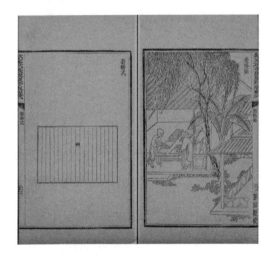

◎ 套格图与套格式图

松木做成，并用木条分成数十档。检取的活字按类放到类盘中。拆板时，也按类放回类盘中，方便归字。

套格。套格用梨木板制成，中间一行为版心，嵌入书名、卷数、页码、校对人员姓名，随着套格一起，先行刷印，然后再用活字版刷印正文。套格和活字版两次印刷，也是套印的一种形式。

在日常印书过程中，包括以下几个流程：摆书、平垫、校对、校完发刷、归类。

摆书即排版。平垫即垫板，每个活字虽然整齐划一，但是木质吸水后容易膨胀，时间一长，本来大小一致的活字，也变得有胖有瘦，有高有矮了。活字版字面会高低不平，印到纸张上墨色浓淡不一，这时就要将低矮的活字垫高点，这个过程就是垫板。王祯用竹片来垫板，武英殿的木活字则用纸片来垫板。

版面平整后，先印一页样张，与原书校对。校对无误后，再交给印工刷印。刷印完毕，将活字拆版归类。

为了提高印刷效率，金简特意制定了一个流程表，使几道工序穿插交替进行，防止在同一时间段大量摆书，导致活字不够用，从而提高了活字的使用率。

同治八年（公元1869年），武英殿着了一次大火，木活字连同众多雕刻的书版被焚毁殆尽，一个都没有留下来。

近代以来，随着欧洲铅字机械印刷技术的传入，传统的手工木活字印刷走向衰落。如今，木活字已经成为历史，淡出人们的视野。然而，这种技术并没有消失，在浙江瑞安的东源村，仍旧有一群操持神秘职业的艺人，传承着这种古老的技艺。

◎ 摆书图

操持这项职业的人被称作"谱师"。谱，即族谱，又叫家谱、宗谱。这是记载一个家族世系繁衍和重要人物事迹的一种谱录。谱师的工作便是为各个家族编修、刷印、装订族谱。这个过程有一个文雅的名称，叫作"梓辑"。

整个梓辑流程包含十几道工序：开丁、誊清、检字、排版、校对、刷印、打圈、划支、填字、分谱、折页、草订、切谱、装线、封面、装订。开丁、誊清是族谱整理、资料收集工作，从检字开始，便进入活字印刷阶段。刷印完成后，便开始进入后期加工阶段，直到封面、装订，一部宣纸线装族谱便制作成功了。

梓辑是一项很辛苦的工作，有很高的技术含量，尤其是写反体字、雕刻字丁，没有十年八年的勤学苦练，难以达到炉火纯青的境界。

联合国教科文组织已经将东源的木活字印刷列入"急需保护的非物

◎ 摆在检字盘中的木活字，浙江瑞安平阳坑镇东源村木活字印刷展示馆藏

质文化遗产名录"。作为一种实用的技术，木活字印刷继续存在的基础恐怕已经渐渐丧失，不过，作为一种见证中国人伟大智慧的传统文化，东源的木活字印刷技术将会被很好地保护与传承下去。

6. 金属活字印刷的早期历程
——宋明金属活字

继泥活字和木活字之后，又出现了金属活字。金属活字有个很明显的优点：质地坚硬、不易磨损。反复刷印几千上万次，都不会对字丁造成严重的损害。当然，它也有显而易见的缺点：制作困难、造价昂贵，对技术和财力有很高的要求。

在我国古代活字印刷史上，先后出现过两种金属活字，即锡活字和铜活字。根据文献记载，中国最早的金属活字是锡活字。

《造活字印书法》一文中，王祯在描述木活字印刷工艺之前，提到了一种锡活字，铸造而成，活字丁中间有一个贯通的小孔。排版时，将检出的活字用铁丝穿成一条线，然后排布在印版上刷印。

这种锡活字很难与水性墨相融合，用王祯的话来讲，就是"难以使墨"，印刷效果不理想，所以没有流行开来。

2018年春天，有文物收藏者从日本购回了一批铜活字，共计97枚，原为罗振玉的旧藏。经检测，这批铜活字由铜铅锡合金翻砂铸造而成。其中有5枚背部有穿孔，与王祯记载的锡活字形制相似。铜活字的字体风格与宋元时期的浙江刻本相仿。学者们初步认定，这批铜活字应是宋元时期的中国铜活字。

> 罗振玉是著名的金石学家、文献学家，在甲骨学、敦煌学等领域，皆有奠基性功绩。一生著作达189种，校刊书籍642种。是中国近代学术史上的传奇人物。

◎ 罗振玉旧藏青铜活字

这批铜活字具有试验的性质，是改良活字印刷术所做的尝试，不过，似乎并未成功。迄今为止，还没有发现宋元时期的金属活字印本。

中国流传至今最早的金属活字印本，出现于明代中期。这个时期涌现出一批金属活字印刷商，其中，以无锡富户华氏和安氏为翘楚，可以称作明代金属活字印刷的双星。

华氏和安氏都来自富庶的江南城市无锡。华氏家族以华燧（suì）为代表。华燧的住所名"会通馆"，人称"会通君"。喜好藏书，家有良田千顷，称得上是江南富庶人家，后因购书而家道中落。

他在弘治年间（公元1488—1505年）造成一批小号金属活字，试印了50部《会通馆印正本诸臣奏议》（也叫《宋诸臣奏议》）。用这套小号金属活字印出的《宋诸臣奏议》，无论正文还是注文，都是小字。每行内排列两行小字，参差不齐。而且墨色模糊邋遢，字面不平整，导致有的文字只印出一半。此外，校勘粗疏，错误连篇，几乎每卷都有脱字和误字，甚至有遗漏一两页的情况，印刷水平实在不高。

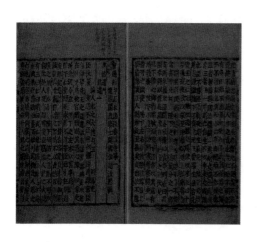

◎ 弘治三年（公元 1490 年），会通馆小号铜活字本《宋诸臣奏议》

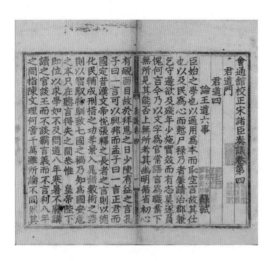

◎ 华燧用大号金属活字印行的《宋诸臣奏议》

后来，华燧又造了一套大号金属活字，并且重印了这部《宋诸臣奏议》。与小铜活字本相比，大铜活字本字体圆润，墨色清晰，水平有明显的提升。

从公元1490年开始，一直到华燧去世的23年间，他用金属活字至少印行了包括《锦绣万花谷》《九经韵览》在内的16部书。仅在公元1495年一年之内，他就摆印了三种大部头的著作，即《容斋随笔》《文苑英华纂要》和《古今合璧事类》。三部书加起来一共有524卷之多，每卷按照最少的20页来算，也有1万多页。

除了华燧之外，华氏家族热衷金属活字印刷的，还有他的侄子华坚。华坚的书斋叫"兰雪堂"，他继承了华燧的衣钵。公元1513年，也就是叔叔华燧去世的那年，华坚用金属活字印了第一部书，即白居易的《白氏长庆集》。稍后，他又摆印了唐代元稹的《元氏长庆集》、汉代蔡邕的《蔡中郎集》、董仲舒的《春秋繁露》，以及一部唐代大型类书《艺文类聚》。

同时期另一个受人关

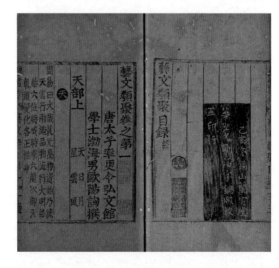

◎ 正德十年（公元1515年），华坚兰雪堂金属活字本《艺文类聚》

◎ 安国金属活字本《吴中水利通志》

注的金属活字明星，是一个叫安国的富商。安国出身低微，以经商起家，成为无锡三大富商之首，素有"安百万"的称号。

安国制造金属活字始于正德七年（公元1512年）前后，比华氏略晚。现在流传下来的安国金属活字印本，有嘉靖二年（公元1523年）的《颜鲁公文集》、嘉靖三年（公元1524年）的《吴中水利通志》等。

安国不如华燧幸运，他没能找到衣钵传人。去世后，他生前制造的金属活字作为家产，被儿子们瓜分得七零八落，后来再也没用来印过书籍。

明代中后期，不止华燧、安国所在的无锡一地出现了金属活字，江苏的苏州、南京，福建的建瓯、建阳，湖南的祁（qí）东等地，都有金属活字本流传后世。

关于明代金属活字的材质，有铜和锡两种观点。由于没有明代金属活字的实物流传下来，文献记载又语焉不详，尚不能对这个问题给出一个肯定的答案。

根据流传下来的明代金属活字印本的字体特征，我们推测明代的这些金属活字，都是先铸成金属字丁，然后将字样反贴在字丁上，用刻刀一笔一笔雕刻出来的，与雕刻木活字类似。金属的质地比木材要坚硬，刻起来恐怕不太轻松。同木板雕刻的字体相比，金属活字的字体显得很笨拙，棱角突出，不够圆润。

不过，在金属活字领域，华燧、安国等人的筚路蓝缕之功不能埋没。正是踏在他们所开辟的道路上，清代的金属活字印刷才得到了长足的进展。

7.《古今图书集成》与武英殿百万铜活字

乾隆时期，金简制造的25万聚珍木活字，给我们留下了深刻的印象。其实，在此之前，武英殿的铜字库里还贮藏了一批数量以百万计的铜活字，肩负着印书的职责。

武英殿铜活字的产生，同一部书分不开，这就是中国古代规模最大的类书《古今图书集成》。

所谓类书，即分门别类地编排各种知识的书，也就是我们今天所说的"百科全书"。《古今图书集成》全书1万卷，总计1亿6千多万字，康熙四十五年（公元1706年），由皇三子胤祉（yìn zhǐ）的老师陈梦雷编纂完成。

为了印刷这部皇皇巨著，康熙五十五年（公元1716年），在武英殿设立古今图书集成馆（也叫铜字馆），开始制造铜活字，由陈梦雷主持工作。

康熙五十九年（公元1720年）初，铜活字已经制造完成，随即进入印刷阶段。不到三年时间，印成了9621卷，平均每个月的印刷量为260多卷，速度十分惊人。但就在印刷工作接近尾声的时候，

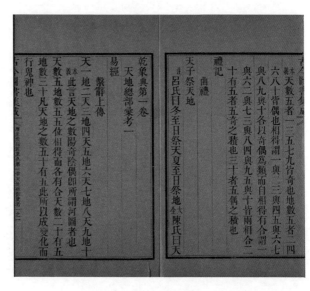

◎ 武英殿铜活字本《古今图书集成》

陈梦雷因受政治事件牵连，被发配黑龙江，最终客死他乡。

雍正元年（公元1723年）正月，铜字馆由蒋廷锡接手，他一边印刷陈梦雷没有印完的300余卷，一边校改之前出现的错误。五年后，65部《古今图书集成》全部印刷装订完毕。

武英殿铜活字由手工雕刻而成，有专门负责刻铜字的工匠，刻一个铜字的工价大约是木字的5.5倍。铜字笔画工整，字身上下平整，构造匀称，大气美观。字身有一个小孔，和王祯记录的锡活字形制相似，排版时，用铁丝贯穿小孔，将一行行活字排列在印版上，十分整齐。

武英殿铜活字一共有101万5000多枚，另外还有18万8000多个留作备用、没有刻字的铜字丁，合计120多万枚，规模十分庞大。除了这部1万卷的《古今图书集成》外，在康熙年间，这批铜活字还刷印过53卷的《数理精蕴》和5卷的《律吕正义》等书。

活字不像雕版那样，一次刻成，以后可以反复刷印。武英殿印书，每次印量不多，如果若干年后重印此书，活字需要重新排版，远不如雕版方便。可能出于这个原因，刷印完《古今图书集成》之后，铜活字便被贮存在武英殿的铜字库，再没有用来刷印书籍，此后武英殿仍旧习惯用雕版印书。

乾隆九年（公元1744年），雍正当王爷时居住的府邸雍和宫，被改作了喇嘛庙。由于铸造铜像缺少铜，便将武英殿铜活字全部拿去熔掉了。今天，端坐在雍和宫大雄宝殿的三座铜佛像，就是当年武

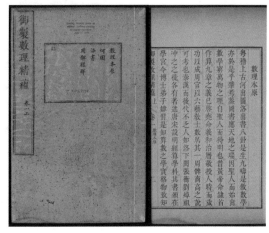

◎ 武英殿铜活字本《数理精蕴》

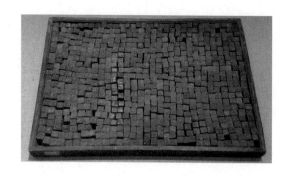

◎ 中国印刷博物馆藏
手工雕刻铜活字实物

英殿铜活字熔铸的。

乾隆三十八年（公元1773年），在造木活字印刷《武英殿聚珍版丛书》时，乾隆帝想起多年前熔铸铜字一事，感到十分懊悔。

8. 福田书海与为彩票而生的邓氏锡活字

福田书海是对清道光年间（公元1821—1850年）林春祺所造40余万铜活字的美称。

林春祺是福建侯官（今福建省闽侯）人，道光五年（公元1825年），18岁的林春祺开始制造铜活字。他前后花了20年的光阴，耗费20余万两白银，最终于道光二十六年（公元1846年）造成大、小铜活字40多万枚。为示纪念，他取祖籍福清龙田中的"福田"两字，将铜活字命名为"福田书海"。

用这套"福田书海"，林春祺印刷了清朝初期大儒顾炎武《音学五书》中的《音论》三卷和《诗本音》十卷，字体是楷体，俊秀清丽，非常美观。他还印了一部《四书》的入门读物，叫《四书便蒙》。

◎ 林春祺用"福田书海"印刷的《音学五书》。

林春祺的这套铜活字，后来流入浙江杭州。咸丰二年（公元1852年），浙江学政吴钟骏用它印刷了外祖父的文集《妙香阁文集》。

咸丰三年（公元1853年），浙江布政使满洲大臣麟桂在杭州印了一部军事丛书，名为《水陆攻守战略秘书》。虽然麟桂没有说这套丛书是用林春祺的"福田书海"排印的，但无论是行款还是字体，《水陆攻守战略秘书》都与《音学五书》完全一致，显然是"福田书海"的作品。

迄今为止，仅发现上述几种著作由林春祺制作的铜活字印成，数量并不多，看来这套耗费巨资制造的"福田书海"并没有得到充分的利用。

在《音论》一书的前面，有林氏写的一篇《铜版叙》，记录了"福田书海"的制造缘起和经过。文字虽不多，却是我国古代仅存的一篇铜活字文献。

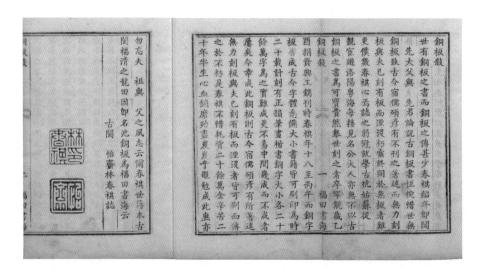

◎ 林春祺的《铜版叙》

在《铜版叙》中，林春祺说他的铜活字是镌刻的。倘若如其所言，那么"福田书海"印刷的铜活字本中，相同汉字的字形应当千差万别。而通过仔细比对这些印本，我们会发现相同汉字的字形高度一致，说明它们是用同一个模子浇铸出来，而不是像武英殿铜活字那样，一个一个地用刻刀刻出来的。所谓"镌刻"的说法，不过是文人修辞而已。比较截取自《诗本音》第一卷前两页六个不同位置的"韻"字，字形高度一致，说明这些活字系用同一个字模铸造而成。

◎《诗本音》中相同汉字对比

正当林春祺在用"福田书海"印书的时候，在广东佛山，出现一个姓邓的书商，他也造了一批金属活字，共计20多万个。与"福田书海"相同的是，这些金属活字也是铸造的，而不是镌刻的；所不同的是，这不是铜活字，而是锡活字。

从明代后期开始，西方基督教传教士陆续航海东来，登上中国大陆，虽然为传播圣音的目的而来，却无意间成为中西文化交流的使者。

公元1833年，一个中文名叫卫三畏的美国传教士，来到了中国广州，出任广东传教站印刷工一职。卫三畏在中国居住40余年，当过美国驻华公使代办，对中国的情况十分熟悉，是美国最早的汉学教授，被称作"汉学之父"。同时，身为印刷工的他，格外关注中国的印刷技术。

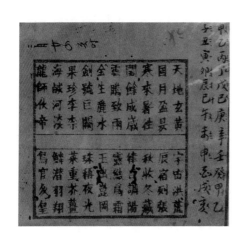

◎ 晚清流行的白鸽票

公元1850年和1851年，他在自己主办的英文杂志《中国丛报》上，先后撰写了两篇有关佛山邓氏锡活字的英语文章，是我们今天了解佛山锡活字的重要资料。

据卫三畏文章记载，当时，作为清代"四大镇"的佛山镇，兴起两种彩票，一种叫"闱（wéi）姓票"，一种叫"白鸽票"。

闱姓票就是利用参加科举考试的考生姓氏进行赌博的彩票。

白鸽票则源自清代赌鸽，后来演变为直接从《千字文》中选取80个字，印在彩票上。买家圈出10个，开奖时随机摇出20个，根据中选的多寡，来定奖金的多少。

邓氏锡活字的出现，便与印刷这两种彩票有关。

为了印刷这两种彩票，有个姓邓的书商（或印工）前后投资了1万多美元，共铸造了三副锡活字，一副是扁体字，为楷体；一副是长体大字，为宋体；还有一副长体小字。共计20多万枚。其铸造的方法是：先在小木块上刻字，然后印在澄泥上，制造泥字模；再把熔化的锡水浇灌到泥模中，锡水冷却凝固后，敲碎泥模，取出锡字丁，用刻刀进行细节修理。

◎ 佛山邓氏铸造的三种锡活字字体

对比了邓氏的锡活字和西洋的铅活字，卫三畏认为，这种锡活字的制法比西方用铜模制造铅活字的制法更简单、更经济。西方浇铸铅活字的方法是，先在钢制字块上刻出阳文反体作为字模；然后用强力将钢字模冲入厚铜板，制成阴文铜范；再将熔化的铅水浇铸在铜范中，冷却后取出，一个铅活字便浇铸完成了。邓氏锡活字的制造原理与之相同，却用木块和泥板代替了钢块和铜板，自然更加经济，制造也更为省力。

在排版时，邓氏将锡活字排布在一块木制的字盘内，字盘三面围着界栏，高度与锡活字相同。界栏内一行一行地排布锡活字，排满一行，用铜片隔开。整版排完，将第四面界栏安上并固定，然后敷墨覆纸刷印。

卫三畏在文章中说邓姓书商是为了印刷彩票制造的这些锡活字。不过，若仅仅印刷彩票，根本不需要20多万枚活字。造活字的时候，邓氏就应该考虑用它们来印刷书籍了。

邓氏先是用了两年的时间，在咸丰二年（公元1852年）印成了元代马端临的《文献通考》，共384卷，19348面。接着又印刷了唐代杜佑的《通典》、宋代郑樵的《通志》。这两部书与《文献通考》合称为"三通"。此外，还有北魏崔鸿的《十六国春秋》和一部宋人文集《陈同甫集》，也是邓氏用锡活字印刷的。

邓氏锡活字的命运比熔化铸佛的武英殿铜活字还要悲惨。咸丰四年（公元1854年），为响应如火如荼的太平天国运动，广州天地会首领陈开打着"反清复明"的旗号，在佛山发动叛乱。占领佛山镇后，他将邓氏锡活字全部没收，熔化制成了火枪子弹，将印书的文化用具变成了对抗清兵的杀人利器。

◎ 佛山邓氏用锡活字印刷的《陈同甫集》

第五篇

古书的装订与版式

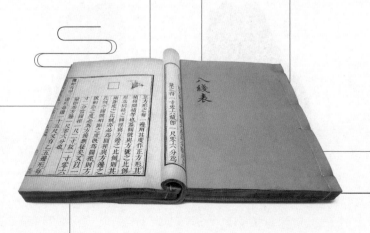

装订与版式，是我们对古书最直观的认识，也是学者们鉴定古籍版本、认识印刷工艺的重要途径。装订，古代叫作装潢或裱褙（biǎo bèi），是将零散的书页加工成册的方式。它与印刷密切相关，是印刷的后续工作。版式，指古籍版刻的样式，即翻开书页映入眼帘的版面样式，包括版框边栏、版心、行款字数等信息。

1. 从卷轴到线装——古书装订的演变

我们知道，最早出现的汉字是刻在兽骨和龟甲上的，叫甲骨文。后来铸刻在青铜器上，称作金文；或刻在石头上，叫作石刻文字。那时，还没有形成书籍，无所谓装订形式，为了收集方便，无非将甲骨钻个孔，用绳子穿起来收藏而已。

◎ 甲骨与甲骨文

再后来，人们将文字写在竹片和木条上，并用熟牛皮制成的绳子，将这些零散的竹片和木条并排串联，然后自左至右卷起来，这就是竹木简。于是，便形成了最早的书籍，从而有了最早的装订形式。

竹木简过于笨重，相传东方朔曾给汉武帝写了一篇奏折，用了三千多支简，由两个人抬到宫中，武帝花了两个月才读完。还有个叫"学富五车"的成语，比喻人的学识非常渊博，原出自《庄子》，说的是庄子的好友惠施读的书有五车之多。这里用车装的书，就是竹木简。

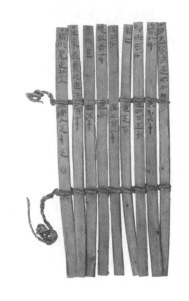

◎ 用绳子编连起来的竹木简

由于竹木简太笨重，古人又将丝帛拿来作书写材料，这种写在丝帛上的书，称作帛书。帛书可以折叠起来收藏，也可以像竹简一样卷起来。不过丝帛质地柔软，所以将帛书的末尾粘在一根木轴上，从后向前卷起，之后用丝带系好，防止散乱。帛书的这种装订形式，称作卷子装或者卷轴装。

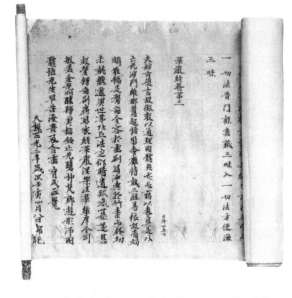

◎ 敦煌莫高窟出土的卷轴装写经，抄写年代是北魏正光三年（公元552年）

再后来，纸张出现了，并逐渐取代竹木简和丝帛，成为最流行的书写材料。

由于纸张和丝帛性质相近，质地柔软，可卷可舒，故早期纸质书籍的装订方式，仍旧沿用卷轴装的形式。敦煌莫高窟中的文书，大多是卷轴装，故又称作"敦煌卷子"。咸通九年雕刻的《金刚经》就是典型的卷轴装实物。

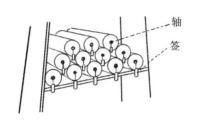

轴
签

◎ 卷轴装的插架方式

卷轴装的书籍在收藏时是平放着插入书架中，所以叫插架。每卷轴头露在外面，挂上书签，书签上写着该卷的书名，便于检索。韩愈的诗中有"邺（yè）侯家多书，插架三万轴。——悬牙签，新若手未触"之语，讲的是唐朝邺侯李泌（bì）家里藏书丰富，有三万卷之多，每卷上都挂着象牙书签，新得仿佛未曾用手触碰过。

民间藏书如此，皇家藏书更有过之无不及。隋代宫廷藏书分为上、中、下三等，上等用红色琉璃轴，中等用绀（gàn）色（绀指略呈红色的深青色，也指青色）琉璃轴，下等用漆轴（即黑色）。唐代宫廷藏书分为经、史、子、集四部贮藏，每部典籍的卷轴、用来系书的丝带和书签的颜色都不相同，以示区分。经部书白轴、黄带、红签，史部书青轴、淡青带、绿签，子部书紫檀轴、紫带、青绿签，集部书绿轴、朱带、白签。设想一下，这样的书库放眼望去，一定琳琅满目，美不胜收。

卷轴装固然漂亮，不过阅读起来有些不方便。古代文字是竖排的，从右向左阅读。卷轴装的轴在卷子的末尾，也就是最左侧，从左向右卷起，书籍的末尾卷在最里面。如果只想看书尾的内容，只能将整本书全

◎ 旋风装《唐写本王仁煦刊谬补缺切韵》

部展开，这岂不是很麻烦？

于是，两种改进的装订形式诞生了：一种是旋风装，一种是经折装。

旋风装的书页不再首尾粘贴，而是准备一张空白的长幅底纸，将首页和尾页全部平贴在底纸上，其他各页仅将右侧抹上糨糊，一一相压，顺次粘在底纸上。与卷轴装从左向右卷起不同，旋风装在书的最右端粘轴，自右向左卷起。展开时，每页右侧固定在底纸上，左侧翻卷，相错叠压，犹如旋风，故名"旋风装"。又如同龙鳞一般，因此又有一个美称，叫"龙鳞装"。故宫博物院藏有一部《唐写本王仁煦刊谬补缺切韵》，是唐代的一部韵书，这是现今所存唯一一部旋风装的实物。除首尾两页外，每页都是双面抄写，翻阅检索比卷轴装方便得多。

经折装是佛经常用的装订形式，元代套色印本《金刚经注》就是经折装。书页首尾相接粘贴成长幅后，从头至尾连续左右折叠，形成长方形的一沓，前后各粘上厚纸封皮，这便是经折装。阅读时，左右展开，一折一折翻阅，读毕即可合上，可以迅速翻阅和开合。

有一种装订形式对经折装的产生有非常直接的

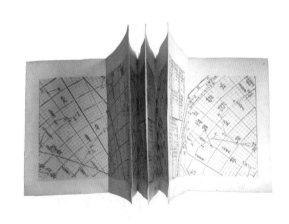

◎ 清代的经折装星图

◎ 敦煌莫高窟出土的梵夹装藏文佛经

启发意义，这便是梵夹装。梵夹装是源于印度的一种装订形式，随着佛教的东传而传入中国。

印度在很长的历史时期内没有纸张，而是将佛经抄写在一种叫贝多罗树的树叶上，称作贝叶经。用两块木板将贝叶夹住，在木板左右两侧分别打洞，穿上绳子，首尾打结，这就是梵夹装。梵，指印度；夹，意指用作封面的夹板。

当年玄奘从印度取回的佛经，大部分是梵夹装。这种装订形式传入中国后，夹在木板中的贝叶被纸张取代，于是，便有了中国特色的梵夹装。后世的藏文、蒙文佛经，很多采用这种装订形式。

上述卷轴装、旋风转、经折装和梵夹装，是雕版印刷产生之前就已经出现的装订形式。唐代雕版印刷产生后，早期雕印的书籍主要是佛经，也采取卷轴、经折装订。到了宋代，随着雕版印刷的普及，书籍的装订形式也发生了重要的革新。除了佛经外，其他雕印书籍的装订形式已经不再是卷轴装和经折装了，而是更为易于保存和翻阅的蝴蝶装。

和龙鳞装相比，蝴蝶装的名字更富有诗意。它是将单面印刷的书页沿着有字一面的中心对折，每页对折的地方，用糨糊粘在一起做书脊，然后用一张厚纸做封面和封底，贴在书脊处。打开书页时，每页向左右两侧张开，状似蝴蝶展翅飞翔，故称蝴蝶装，简称蝶装。

蝴蝶装的书籍是直立着插入架子中的，翻口朝下，书脊朝上，不像后世那样平放。因此，蝶装有文字的部分夹在书籍的内侧，露在外面的都是版框之外没有文字的部分，可以防止插架时对文字造成磨损。

不过，蝶装的缺点也是显而易见的，比如书脊用糨糊粘贴，容易脱落；由于古籍的书页是单面印刷，蝶装书籍有字的书页之间总会有一页没有字的书页，读一页要连翻两页，阅读体验并不是太理想。

◎ 蝴蝶装的版心在内，版框在外，翻开时如蝴蝶展翅飞舞。蝴蝶装在宋朝非常流行

于是，针对蝴蝶装这些弊病，包背装应运而生，它产生于南宋、流行于元朝。

蝴蝶装是将书有字一面对折，而包背装则刚好相反，它是将无字一面对折，然后将折好的书页叠在一起。在对折的另一侧，也就是版框外的空白地方打眼，用纸捻（纸捻是用纸搓成的细纸卷）钉起来，砸平，裁齐。再如同蝴蝶装一样，用一张厚纸做封皮，粘贴在书脊上。

书脊又叫书背，蝴蝶装和包背装都是用整张纸粘贴在书背上，做

◎ 包背装在元代比较流行，明清内府书籍有的也采取包背装

正反两面的封皮，所以当时宫廷中负责装订的官员叫包背臣或裱褙臣。包背装书页的无字一面，在对折后藏了起来，因此，翻开书页，呈现在眼前的都是有字一面，阅读体验大大提升。

不过，包背装也有不足之处，即用纸捻和糨糊来固定书页，虽然比蝴蝶装要牢固一些，但翻看久了，也避免不了散页的命运。

因此，更高级的一种装订形式出现了，也是中国古代书籍最优秀的一种装订形式，这便是线装。

◎ 线装

线装和包背装的不同之处在于装订方式。包背装先在书脊一侧打洞，穿纸捻，然后贴上整张封皮。线装则将整张封皮裁成两张，和书页一般大小，一张做封面，一张做封底。先用纸捻将书页固定，再将封面、封底与书页对齐，沿着书脊打洞，穿线装订，非常牢固。这是古书最优秀的装订形式，明代后期和清代的书籍，绝大多数都是线装。宋元时期流传下来的蝴蝶装和包背装，由于年久散页，也被藏书家们改造成了线装。

今天，线装书已经成了古籍的代名词。但实际上，线装到明代中期才流行起来。唐代的李白或者宋代的苏轼，手捧一部线装书，正襟危坐，只能是不够严谨的古装剧中才有的情景。

2. 边栏、书口与鱼尾
——古籍版式的时代特征

版式主要指刻版书籍书页的版面样式。

早期的佛经刻本多为卷轴装，卷轴装的版式与帛书的版式是一致的，从右至左，竖排书写。每行文字之间一般有一道细线，称作"界行"，这是在模仿竹简的样式，每行文字仿佛一支竹简；整个文字四周也被类似外框的细线圈住，叫作"边栏"。

宋代以后，刻版书的版式逐渐固定。卷轴装的界行和边栏被宋代以后的书籍版式所继承。

早期刻本大多仅有一条边栏，称作四周单边；后期出于美观需求，多镌刻两条边栏，一粗一细，称作文武边。有的是左右两侧双边，有的是四周双边。当然，边栏样式还可以更加复杂一些，花样更加丰富一些。比如有的边栏是由"卐"字形花纹图案组成，称作"卐"字栏；有的由竹节花纹图案组成，称作竹节栏；有的则由多种古乐器的花纹图案

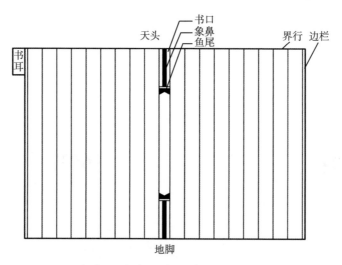

◎ 古书的基本版式，自宋代以后开始定型

组成，称作博古栏。以上这些复杂的花纹边栏，统称花边。

宋代以后的书籍版式，同唐代和五代时期的佛经刻本不同的是，出现了书口，也叫版心。顾名思义，版心是指版片中心的部分，也就是书页的中心。这里留有一行，没有刻正文，而是刻了书名、卷次、页码、字数、刻工等信息。我们知道，无论蝴蝶装、包背装还是线装，都是单面印刷，都需要折叠，或者正向对折，或者反向对折。对折的地方，就在书口的正中心。

在书口中，距离上边栏约四分之一版高的地方，有一个类似鱼尾巴的图案，称作鱼尾。它不仅是装饰物，还是书页对折的标记。鱼尾的中心，即书口的正中，就是书页对折的中缝。如果只有一条鱼尾巴，称作单鱼尾；如在书口下方还有一条跟它相对应，则称作双鱼尾。双鱼尾又有顺鱼尾和对鱼尾之分，所谓顺鱼尾，即两条鱼尾巴都是朝下的；而对鱼尾又叫逆鱼尾，即上鱼尾朝下，下鱼尾朝上，两条鱼尾巴逆向相对。此外，还有三鱼尾，甚至还有六鱼尾。

除了数量、方向的差别外，鱼尾的样式也颇为丰富。全部涂黑的，称作黑鱼尾；中间是白的，四周由黑线勾勒的，称作白鱼尾；由平行线构成的，称作线鱼尾；鱼尾中间有曲线形花纹的，称作花鱼尾。

书口最中心，如果是双鱼尾的书口，就是在双鱼尾之间，通常镌刻书名、卷次和页码。因为空间有限，书名一般用简称。古书用纸比较薄，

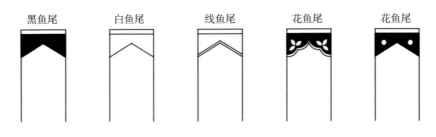

◎ 各种样式的鱼尾

只在一面印字，然后对折装订，这便是古书的一页，俗称"筒子页"，与我们今天书纸"一页"的概念不同。

◎ 筒子页

书口上端和下端，即上鱼尾至上边栏之间、下鱼尾至下边栏之间，有时会刻有一条细线，这条细线叫作象鼻，字面意思就是大象的鼻子。象鼻的作用和鱼尾相似，用作折页的标准线。没有象鼻的书口，称作白口；有象鼻的书口，则称作黑口。黑口有粗细之分，象鼻很细，是细黑口；如果象鼻很粗，甚至把书口占满了，则是粗黑口，又叫大黑口。显然，大黑口并不美观，是刻工为了偷工减料，不想花时间将书口部分的多余版木铲掉而形成的。宋代的刻本大多是白口，少数是细黑口，而元代则多数是粗黑口。

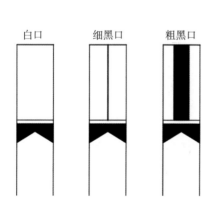

◎ 各种样式的书口

◎ 明代司礼监刻书版式，四周双边，大黑口

除了象鼻之外，上下鱼尾两端还刻有刻工姓名和本页字数。一般在上鱼尾上侧刻字数，统计这一页有大字若干和小字若干。这主要是用于计算刻工的工钱。下鱼尾下侧有刻工的姓名，有的是全名，有的是简称。除了用于计算工钱外，刻工刻上自己的名字，证明这块书版是他刻的，出现错误，他要负责，这也是责任制的一种体现。

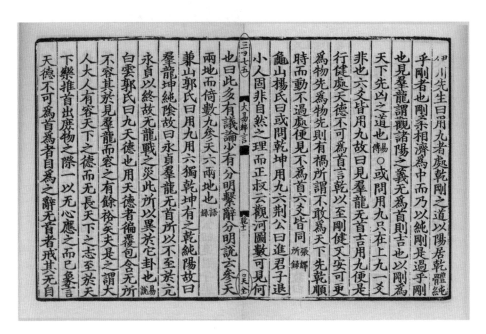

◎ 宋代公使库刻本《大易粹言》，书口中刻有刻工
　名字"吴全"和本页字数"三百七五"

与刻工姓名的位置相对的部位，也常常刊刻坊名和堂号，即刊刻机构，类似今天的出版社。

在版框之外，左上角紧贴边栏竖着刻有一个长方形的小框，像是边框长了耳朵，称作耳子，或者书耳。书耳中镌刻本卷的主题词或关键词，其中的文字称作耳题或耳记。如乾隆年间刊刻的《毛诗》，版框左上角书耳中刻有"关雎"二字，即本篇篇名。

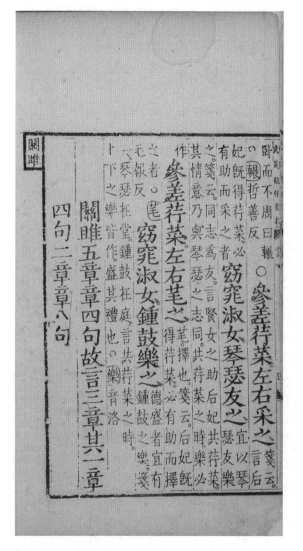

◎ 乾隆年间仿刻的相台五
经之《毛诗》书耳

另外，上边栏上面的空白部分，称作天头；下边栏下面的空白部分，称作地脚。天头、地脚有时非常舒朗，有时则略微局促，没有一定样式，这主要取决于刻书者的喜好和财力。天头的空白处可以随手做一些读书笔记，明代套色印刷的批点本，评语和批注一般就刻印在天头的地方。

以上所说的版式，上下并未分栏，属于单栏版式。此外，还有分两栏和三栏的版式，分别称作二节版和三节版。二节版分成上下两栏，下栏占版面四分之三，是正文；上栏占版面四分之一，是配图。这在插图小说和戏曲书籍中颇为流行。后世的连环画，就发源于这种分栏的插图本。

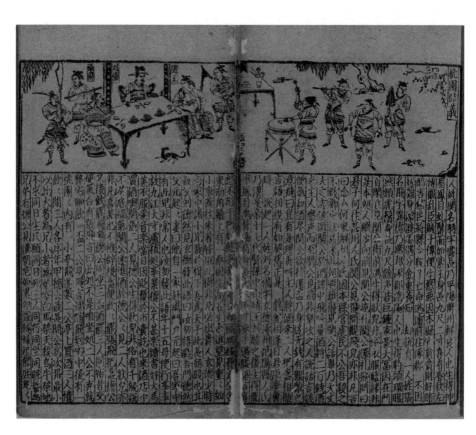

◎ 元代至治年间建安虞氏刊刻的二节版《全相三国志平话》

印刷术的外传

印刷术发明之后，极大地促进了书籍的流通和知识的普及，对中国历史的发展产生了巨大的影响。随着中外交流的进行，印刷术还走出中国，在邻国生根发芽，比如朝鲜、日本、越南和琉球。不仅如此，沿着中西交流的丝绸之路，印刷术还向西传入了西亚和非洲，可能启发了古登堡铅活字的发明，从而对世界文明的进程也产生了深远的影响。

1. 传入友好邻邦朝鲜

这里说的朝鲜指朝鲜半岛，包括现在的朝鲜和韩国。

朝鲜历史上出现过很多政权，与印刷术相关的有两个，一个是公元918年建立的高丽王朝，时间上相当于中国的宋元两朝；一个是取代高丽，于公元1392年建立的朝鲜王朝，和中国的明清两代相始终。

高丽在建国之初，奉佛教为国教。那时，高丽还没有掌握雕版印刷技术，没有能力自己刊刻佛经。高丽国王曾多次派遣使者来到中国，请求赠送佛经刻本。在宋辽两朝，使者陆续从中国带回了《开宝藏》和《契丹藏》等多部大藏经。

北宋开宝年间（公元 968—976 年），宋太祖命人在四川雕刻了中国第一部《大藏经》，历时 12 年雕刻完毕，共计 5000 多卷，13 万块版片，史称《开宝藏》。《契丹藏》是辽国雕刻的大藏经，开雕于辽兴宗时期（公元 1031—1054 年），历时 30 年刻成。

现在能见到的最早的高丽刻本，是辽圣宗统合二十五年（公元1007年）雕印的《宝箧印陀罗尼经》，卷轴装，由5张纸粘贴在一起。根据五代时期吴越国在杭州刊刻的同名佛经仿刻。

高丽首次雕印《大藏经》，开始于高丽显宗二年（公元1011年），前后历经77年，于公元1087年雕刻完成。这部《大藏经》约6000卷，被高丽国奉为"大宝"。刻成后，经板贮藏在八公山符仁寺，后毁于蒙古铁骑。高宗二十三年（公元1236年）重新雕刻《大藏经》，历时16年刻成，共计6797卷，用板八万块，史称"八万板《大藏经》"。板存地势险要的海印寺，保存至今。

除了佛经之外，史书、经书等书籍也开始在朝鲜半岛雕版印行。

朝鲜刻书以宫廷和官府刻本为主，多以中国传入朝鲜的宋版书为底本。字体较大，刻工精细，用朝鲜半岛生产的楮皮纸印成，纸张较厚，所印多精品。

与雕版印刷在中国居主流地位不同，朝鲜印刷史上最盛行的印刷方式当属铜活字印刷。

宋元之际，中国已经开始试制金属活字，不过由于金属活字印刷不完善，其在成熟的雕版印刷面前，没有竞争优势，因此未能在中国流传开来。而朝鲜人则沿着中国开辟的金属活字之路继续钻研，不仅印出了

◎ 八万板《大藏经》雕版，韩国海印寺藏

第一部铜活字本，而且不断改进活字技术，使之成为朝鲜半岛书籍印刷的主要手段。

现存最早的朝鲜铜活字本，是高丽时期的一部名为《清凉答顺宗心要法门》的佛经。

◎ 宣光七年（高丽祸王三年，公元1377年）铜活字本《白云和尚抄录佛祖直指心体要节》

高丽时期的另外一部铜活字本，是公元1377年印刷的《白云和尚抄录佛祖直指心体要节》，这是一部朝鲜高僧白云和尚抄录的佛祖故事集，用汉文印成。排列歪斜不齐，字体有大有小，墨色深浅不一，反映出早期铜活字印刷尚不成熟的一些特点。从这部书的字体来观察，可知高丽的铜活字是用刀雕刻而成，与中国宋元时期铜活字的制造工艺不同。

高丽时期，铜活字印刷尚处于草创阶段，印本还不多。到了李氏朝鲜时代，铜活字则逐渐取代雕版成为主流。在李氏朝鲜500年的历史中，从公元1392年至1910年，宫廷铸造铜活字的活动多达40次，铜活字的总量达到二三百万个。

第一次在李朝太宗三年（公元1403年）。这年在京城（今韩国首尔）设立铸字所，用了不到八个月的时间，铸造铜活字数十万个，分大小两种字号。按照干支纪年，这一年是癸（guǐ）未年，所以这批铜活字被称作"癸未字"。

癸未字采用的是毕昇的泥活字固版技术，用融化的黄蜡将铜活字固定在底版上。由于黄蜡的黏性小，铜活字比泥活字要重很多，因此，在印刷的时候，没印几张，铜活字便松动了。需要随时调整，非常费事，印刷速度很慢，一人一天只能印几页。

◎ 李氏朝鲜"癸未铜活字"本《纂图互注周礼》

十多年后，到了李朝世宗二年（公元1420年），世宗命工曹参判（相当于工部侍郎）李葳（chǎn）改进铜活字。李葳花了七个多月，造了一批小号的铜活字。这一年是庚子年，因此，这批铜活字被称作"庚子字"。印刷速度比之前快多了，一天可以印20页。但字号稍小，不便阅读，而且固版技术没有得到根本改善。

又过了十多年，世宗十六年（公元1434年），李葳又奉旨对庚子字加以改进。这次，采用元朝王祯的木活字固版方法，用不同形状的木块或者破纸，填堵版面上的空白部分，用木楔子将铜活字卡紧在印版上，固版技术得到了改善。印刷速度翻倍，一天可印40页。这批铜活字有20余万个，因造于甲寅年，故称"甲寅字"。

李氏朝鲜的铜活字都是铸造而成的，方法与清

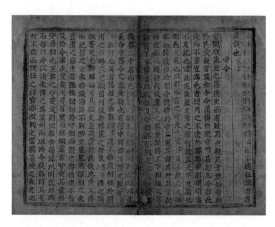

◎ 庚子铜活字本《新笺决科古今源流至论》
决科，本义为参加射策，决定科第，这里指参加科举考试。这是一部为参加科举考试的士子准备的参考书。

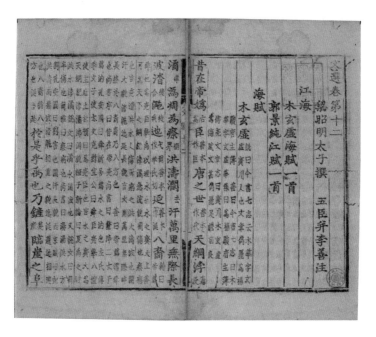

◎ 甲寅铜活字本《文选》

代林春祺铸造"福田书海"相似，利用12世纪初由中国传入朝鲜的铜钱铸造法"翻砂法"铸成。

除了铜活字外，值得一提的是，朝鲜还出现了铅活字书籍。公元1436年，朝鲜用铅活字和铜活字混合排版，印出一部《通鉴纲目》，比德国古登堡用铅活字印刷的四十二行《圣经》，还要早十几年。

2. 传入一衣带水的日本

日本和中国隔海相望，交流频繁。日本人或许很早就知道了中国的印刷术，不过，印刷术在日本的首次运用，已经是中国宋朝以后的事情了，比朝鲜还要晚一些。

日本现存最早的版印书籍，是刊刻于公元1088年的《成唯识论》。

元代末年，中国社会动荡，不少福建、浙江的刻工东渡到了日本，直接将宋元时期高度成熟的印刷技术带到了日本。这些刻工中，有个叫俞良甫的，最为知名。

当时，在日本京都有五大寺院，是日本的禅宗中心。这些寺院刊刻的书籍达数百种，史称"五山版"。俞良甫等中国刻工，为五山版的刊刻出力良多。他还将雕书手艺传授给日本年轻人，和其他东渡到日本的刻工一起，为促进日本的雕版印刷的发展做出了卓越的贡献。

日本也有活字印刷，活字本在日本又叫作"一字板""植字板"。与朝鲜相比，日本的活字印刷并不发达，不是印刷的主流，出现的时间也很晚。

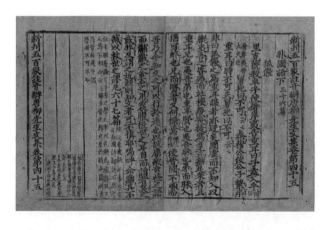

◎ 俞良甫刊刻的五山版《柳宗元文集》

公元1592年，丰臣秀吉入侵朝鲜。日军在攻陷朝鲜首都汉城后，发现了铸字所中的铜活字，感觉十分新奇，于是将铜活字连同刻字工和铸字工，一并掳回日本，进献给日本天皇。至此，日本皇室才知道什么是活字印刷。

庆长二年（公元1597年），阳成天皇敕令仿照朝鲜的铜活字，刊刻木活字，并印行了《锦绣段》《劝学文》《四书》《日本书纪》《古文孝经》等书，后世称这批木活字印本为"庆长敕版"。

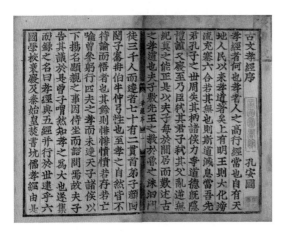

◎ 庆长敕版《古文孝经》，庆长四年（公元1599年）活字印刷

丰臣秀吉去世后，日本进入德川家康幕府统治时期。德川家康在京都附近的伏见城兴建学校，命刻工刊刻10万个木活字。从庆长四年（公元1599年）开始，陆续印刷了《孔子家语》《贞观政要》《武经七书》等书，史称"伏见版"。

江户时代的公元1637年，日本高僧天海受幕府第三代将军德川家兴之命，开始用木活字印刷《大藏经》。前后历经12年，于公元1648年印成，一共1453部，6323卷，被称作天海本《大藏经》，是日本第一部官版《大藏经》，而且是第一部木活字《大藏经》，与中国和朝鲜的刻本《大藏经》不一样。

庆长十二年（公元1607年），京都要法寺用铜活字印过《文选》61卷，版式豪放，大黑口，四鱼尾，颇有战国武将之风。

同年，德川家康营造骏府城。公元1615年，他下令用骏府城所藏的近9万枚朝鲜铜活字印刷《大藏一览集》，次年印刷《群书治要》。由于

◎ 宽永十七年（公元 1640 年）九月，木活字印刷的《大智度论》，是木活字天海本《大藏经》中的一种

◎ 元和七年铜活字本《皇朝类苑》

铜活字不够用，由旅日的中国人林五官铸造了 1 万多个。这次印刷的铜活字书籍，后世称作"骏河版"。

元和七年（公元 1621 年），日本天皇敕令仿照南宋福建的麻沙本，用铜活字印行《皇朝类苑》79 卷，称为"元和敕版"。

日本的铜活字掠自朝鲜，其铜活字本的风格和朝鲜铜字本一致，印刷技术也没有太多更新，亦步亦趋。

除了朝鲜和日本之外，同属于汉字文化圈的越南和琉球，长期以汉字为官方文字，同中国交流密切，也将印刷术带入本国，刊刻了很多汉文书籍。

3. 传入异文化的西方

早在五代时期，雕版印刷技术就已经传入了丝绸之路上的重要贸易站点敦煌，在瓜州节度使曹元忠的支持下，有好几件雷延美刻印的佛教作品流传下来。

到了宋元之际，统治今天新疆吐鲁番等地区的西州回鹘（hú），受西夏活字印刷术的影响，也出现了木活字印刷，与王祯改进木活字的时间相当。

◎ 回鹘文木活字，敦煌莫高窟出土

13世纪末，蒙元帝国西征，把印刷技术带到了西亚地区的波斯。

公元1294年，在中国流行已久的纸钞印刷，首次出现在波斯地区由成吉思汗后代建立的伊利汗国。

伊利汗国发行的纸钞样式仿照元代的至元宝钞，上面印有蒙古文、阿拉伯文和汉文，还标明印刷年代和伪造者处斩等字样。

此后，一直到19世纪末，波斯地区再未出现其他的雕版印刷品。雕版印刷术在这里昙花一现，未能流行。

不过，通过伊利汗国，印刷术传入了阿拉伯统治下的埃及。一些印成于公元1300年至公元1350年的雕版印刷品在埃及被发现，它们是用阿拉伯文印成的，有的印在羊皮卷上，有的印在纸上。这说明最迟到14世纪中期，印刷术已经传入了非洲。

现在还没有证据直接证明中国的印刷术传入了欧洲。不过，以波斯为跳板，印刷术传入欧洲是可能的。

公元1311年，伊利汗国有个叫拉施特丁的波斯学者，他在历史著作《史集》中，对公元1294年发行纸钞一事做了翔实的记载。此外，他还在此书中介绍了中国的雕版印刷技术。稍后，一个叫达乌德的

◎ 在非洲埃及发现的雕版印刷品

波斯诗人，在《智者之园》这部书中，引用了《史集》中介绍的中国印刷术。这两部书受到文艺复兴时期的欧洲人重视，可以推测，当时一定有欧洲人通过他们的记载，对中国的印刷术有了一些了解。

其实，印刷技术也可能通过中国和欧洲的直接交流来扩散。蒙古帝国的西征，重新打开了一度阻塞的丝绸之路，从元朝首都一直到罗马、巴黎之间的道路，畅通无阻，使者、商人、教徒、游客，以及工匠和学者，在这条路上络绎不绝。马可·波罗就是那个时候带着他在元朝这个黄金帝国的见闻，回到威尼斯，写下了那部著名的《马可·波罗游记》，其中便有对元朝政府雕印纸钞的记载。还有基督教的传教士，从欧洲来到中国，利用雕版技术在中国印刷宗教版画。当他们回国时，也很可能将这种技术带回了欧洲。

无论如何，在14世纪后期，欧洲已经出现了雕版印刷术。当时，欧洲有两个雕版印

◎ 在新疆吐鲁番地区发现的雕版印刷的纸牌，时间大约在15世纪初

刷中心，一个是德国的纽伦堡，一个是意大利的威尼斯。印刷宗教画和纸牌是它们的主要业务。说起纸牌，它是随着蒙古帝国西征从中国传入欧洲的，并迅速流行起来，成为欧洲早期雕版印刷的主要项目之一。

现存最早的欧洲木版印刷的宗教画，是公元1423年印刷的《圣克里斯托夫与基督渡水图》。

欧洲早期的木刻本工艺和元代雕版印刷术很相似。也是先在纸上写出文字或绘出画稿，然后反贴在木板上，再用刀刊刻。每块木板刻出两页，中间留有缝隙，类似中国刻本的版心。采取单面印刷的方式，印好后将纸沿着中缝对折，有字的一面朝外，无字的一面朝内。折好后摞在一起，在空白的一侧打孔穿线。这和中国刻本书的印刷装订方式几乎完全一样。

◎ 欧洲最早的木版画《圣克里斯托夫与基督渡水图》

此外，欧洲又出现了木活字。大概在15世纪中叶的时候，欧洲人成功地用大号的木活字印刷了书籍。但木活字不适宜雕刻小号的西文字母，木块太小的话，难以下刀。而大号木活字又太浪费纸张了，毕竟当时纸张在欧洲不便宜。

于是，欧洲人开始考虑用金属材料代替木质，来制造小号活字。很多人做过实验，但最终被德国的古登堡研制成功。

公元1450年，古登堡制造了一批大号铅活字，印刷了《圣经》，每页36行，史称"三十六行《圣经》"。五年后，他又制造了一批小号铅活字，重新刷印了《圣经》。这个版本每页分左右两栏，每栏42行，双面印刷，一共1286页，订成两册，这是欧洲现存最早的用铅活字印刷的书籍。

随着铅活字的试制成功，手摇印刷机也进入印刷领域。从此以后，欧洲进入金属活字

◎ 欧洲金属活字的发明者古登堡肖像

◎ 1455年，古登堡在德国美因茨用铅活字印刷的四十二行《圣经》

印刷时代，机械印刷代替了手工印刷，从而揭开了世界近代印刷史的序幕。

　　清代中后期，古登堡印刷机与铅活字技术传入中国，逐渐取代了中国传统雕版和木活字印刷技术，进而也开启了中国印刷史的新篇章。

◎ 古登堡发明的手摇式活字印刷机复制品

附　　录

名词解释

- **雕版印刷**：是将文字或图案反刻在木板或其他材质上，形成印版。然后用棕刷在印版凸起的文字或图案表面均匀涂上墨水，再将纸张覆盖在印版上，用干净的棕刷快速刷拭纸张背面，使印版上的文字或图案转印到纸面上的一种复制技术。

- **捺印**：又称"钤印"，俗称"盖印章"。即手持印章，按在纸面上，使印章上的反体文字或图案转印到纸面上，形成正体文字。捺印与刷印不同之处在于，捺印时印章在上，纸张在下，通过对印章施加压力，使印章文字转印到纸面上；而刷印时印版在下，纸张在上，通过刷子擦拭纸背，使印版文字转印到纸面上。

- **写样**：雕版印刷第一步。请字写得工整、漂亮的写手，将要刊刻的文字誊抄在较薄的白纸上，这个过程称作"写样"，也称作"写板"。

- **校正**：雕版印刷第二步。将写好的字样与原稿校对，如果有错误，在错字旁标注记号，将正确的字写在纸的上端空白处。然后用铲刀挖掉错字，贴上一块白纸，写上正确的字。

- **上板**：雕版印刷第三步。在刨平的木板上均匀涂上一层薄薄的糨糊，将写好的字样反着贴在木板上，用细棕刷刷平。然后，用指尖蘸水少许，在写样背面轻搓，将纸背的纤维搓掉，使贴在木板上的文字清晰可见。上板也称作"上样"。

- **刻板**：雕版印刷第四步。刻工根据字样的线条，用刻刀挖掉空白部分，使字体的线条部分凸出，刻出一个个反体阳文字。刻好的板片，称作"印版"。

- **刷印**：雕版印刷第五步。将印版固定在台案上，用棕刷蘸墨在印版上均匀刷墨。然后将纸平铺在印版上，再用另外一个干净的棕刷，在纸背上来回快速刷拭，使印版上的反体字转印到纸面上，形成正体文字。

- **印版**：雕刻完成等待刷印的雕版，称作"印版"。根据材质的不同，印版分木版、蜡版、泥版、金属版等多种，制版工艺也各有差异。木版是雕版印刷最常见的印版。

- **翻砂法**：是我国古代铸造金属器物的常用方法。即先用木质母版制造砂型，然后在砂型的孔隙中浇灌融化的金属液体，形成与母版完全一致的金属器物。金属钞版和宋元之际的金属活字，皆用这种方法制成。

- **活字泥版**：是雕版印刷和活字印刷相结合的产物，由清代康熙雍正年间浙江新昌人吕抚发明。其制作方法是：先利用木雕板制造一批正体阴文泥字模，然后将字模正面朝下，压在一块特制的油泥板上，形成反体阳文字。泥板自然阴干，形成坚硬的泥印版，再刷墨覆纸刷印。

- **泰安磁版**：清代山东泰安人徐志定发明。其方法与活字泥版类似，不同之处在于，活字泥版由自然阴干制成，而磁版则经过高温烧结制成。

- **敷彩**：敷，有"涂抹"的意思，敷彩便是涂色之义。即先用雕版在纸上印出黑色的线条图，然后再手工涂色。

- **夹缬**：我国古代印花染布的方法，约起源于隋唐之际。"缬"指在丝织品上印染出图案花样。夹缬指用两块木板雕刻同样花纹，将绢布对摺（zhé）夹入两板中间，然后在镂空处染色，形成对称的染色花纹。

- **套印**：又称套色印刷，是指在同一版面上用不同颜色的板片分别印刷，从而呈现两种或两种以上的颜色。

- **饾版**：又叫"木版水印"，是一种在木板上雕刻图案，利用溶水性的墨和颜料进行印刷的技术。根据水墨渗透原理，显示笔触墨韵。不同色彩叠印，可以形成中间颜色，过渡自然，能够非常逼真地复制各类中国传统字画。各色印版堆叠，如同颜色缤纷、堆叠陈设的小点心"饾饤"，故名"饾版"。

- 拱花：一种无色印刷技术，当印版不涂色时，将纸张覆盖在无色印版上，用布团碾轧纸背，印出来类似浮雕的图案，即拱花。

- 活字印刷：将文字刻成一个个活动的字丁，按照一定顺序排列成整版，然后敷墨覆纸刷印的印刷技术。活字印刷大约出现于北宋时期，按照字丁材质的不同，分为泥活字、木活字和金属活字。中国古代最常见的是木活字。

- 泥活字：北宋平民毕昇所创。用黏土制成一个个大小相同的泥字丁，在字丁表面刻字，经过阴干与高温烧结，制成坚硬的泥活字。排版时，将泥活字按书稿顺序，依次排布在一块由铁板和矩形铁框构成的铁范内。铁范内铺一层黏合剂，加热铁范，黏合剂融化，压平活字，使字面平整。黏合剂凝固后，活字版固结成一块整版，刷印方法一如雕版。

- 木活字：中国古代最常见的活字。现存最早的木活字印刷品，是约产生于12世纪下半叶的西夏文佛经。元初泰安人王祯改进木活字，发明韵轮检字法，为木活字的流行与进一步发展奠定了基础。他所撰写的《造活字印书法》，是现存最早的介绍木活字工艺的文献资料。

- 金属活字：由金属块铸造或雕刻而成。中国古代比较常见的金属活字是铜活字和锡活字。

- 古籍装订：指书籍在刷印完成后装订成册的主要方式。古籍装订在雕版印刷出现之前就已经存在，早期的简帛书籍多采取卷轴装，即从一端卷向另一端，形成筒状的一种装订形式。雕版印刷产生后，卷轴装仍旧是佛经的主要装订形式。此外，梵夹装和经折装也常用于佛经的装订。随着版印书籍的流行，古籍装订也逐渐演进，出现了旋风装、蝴蝶装、包背装和线装等多种装订形式。

- 版式：指古籍刻板的样式，是雕版印刷行世之后出现的概念。早期的刻板书籍的版式，保留了简帛书籍的特征。宋代以后，刻板书籍的版式逐渐固定，形成了包括边栏、界行、天头、地脚、版心、行款、鱼尾、象鼻、书耳等在内的版式要素。

中国古代科技发明创造大事记

公元868年

唐懿宗咸通九年

现存最早有明确纪年且最完整的雕版印刷品

王玠施刻《金刚般若波罗蜜经》

8世纪初期

雕版印刷启蒙者——捺印

1967年西安造纸网厂出土捺

印梵文《陀罗尼咒经》

公元757年之后

唐肃宗至德二年后

最早出现的一批雕版印刷品

1944年四川出土成都府成都县龙池坊

卞家印卖梵文刻本《陀罗尼咒经》

公元877年

唐僖宗乾符四年

现存最早最完整的历书印本

乾符四年雕刻历书

公元932—953年

五代后唐长兴三年至后周广顺三年

最早的儒家经典刻本，监本之始

后唐宰相冯道奏准刻印，历经四朝22年刻成

公元971—983年

宋太祖开宝四年至太宗太平兴国八年

中国刊刻的第一部《大藏经》

宋太祖命人在益州（今成都）雕刻《大藏经》，

史称《开宝藏》

公元950年

后汉天福十五年

雷延美是最早留下名字的刻工

瓜州节度使曹元忠命雷延美雕刻《金刚经》

公元1041—1048年

宋仁宗庆历年间

最早的活字印刷术

布衣毕昇发明泥活字

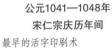

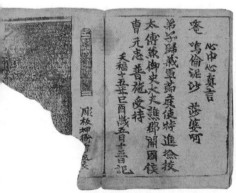

公元1094年

宋哲宗绍圣元年

最早的蜡版印刷记载

《春渚纪闻》关于蜡印

进士名单的记载

公元1160年

宋高宗绍兴三十年

宋代的金属钞版

"行在会子库"铜钞版

约公元1140—1193年

西夏仁宗年间

现存最早的木活字印本

西夏文木活字本《吉祥遍至口和本续》

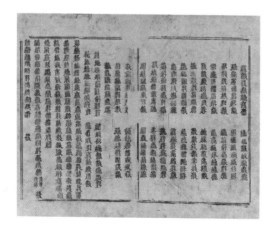

公元1264年

宋理宗景定五年

1983年，安徽东至县出土
关子铅质印版8块，景定
五年颁行

公元1298年

元成宗大德二年

王祯造木活字3万余枚，发明转轮排字架，印成
《旌德县志》百部。著《造活字印书法》，是我国
古代木活字技术的重要文献

宋元之际

最早的金属活字实物和文献记载

公元1300之前

元成宗大德四年之前

敦煌莫高窟发现最早的回鹘文木活字

公元1341年

元顺帝至正元年

现存最早的套印本（单版分次印刷）书籍

湖北江陵资福寺双色套印《金刚经注》

公元1523年

明世宗嘉靖二年

无锡安国用金属活字摆印《颜鲁公文集》，稍后印《吴中水利通志》等书

公元1490年

明孝宗弘治三年

中国现存最早的金属活字印本

无锡华燧会通馆用金属活字印《宋诸臣奏议》

公元1616年

明神宗万历四十四年

最早的分版双色套印本书籍

湖州闵齐伋双色套印本《春秋左传》。此后，湖州的闵、凌二氏印行套印本100余种

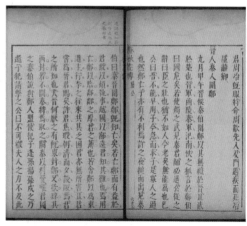

公元1626年

明熹宗天启六年

最早的饾版作品

吴发祥在南京用饾版、拱花技术

印刷《萝轩变古笺谱》

公元1644年

明崇祯十七年

胡正言用饾版、拱花技术印刷《十竹斋笺谱》

公元1725—1726年

清世宗雍正三年至四年

宫廷铜活字印刷

清武英殿造铜活字百万枚，印刷

《古今图书集成》1万卷，5000册

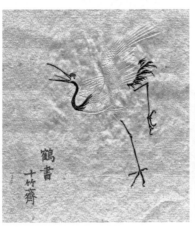

公元1627年

明熹宗天启七年

胡正言在南京用饾版技术

印刷《十竹斋书画谱》

公元1718—1719年

清圣祖康熙五十七至五十八年

山东泰安徐志定用瓷版印行张尔岐《周易说略》《蒿庵闲话》，史称"泰山磁版"。系用瓷活字在瓷版上钤印，然后整版印刷，为活字与雕版结合

清雍正、乾隆年间

新昌吕抚造活字泥版，印《廿一史演义》。活字与雕版结合，方法与泰山磁版类似

公元1825年
清宣宗道光二十六年

福建林春祺造铜活字40万枚，称"福田书海"，印刷《音学五书》等书

公元1850年
清宣宗道光三十年

佛山邓氏造三副锡活字，20余万枚，印刷《文献通考》《通志》《通典》《十六国春秋》《陈同甫集》等书

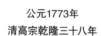

公元1773年
清高宗乾隆三十八年

宫廷木活字印刷

金简造武英殿木活字25万枚，乾隆、嘉庆年间印《武英殿聚珍版丛书》134种

公元1844年
清宣宗道光二十四年

泾县翟金生耗时30载，造泥活字10万余枚，印《泥版试印初编》等书

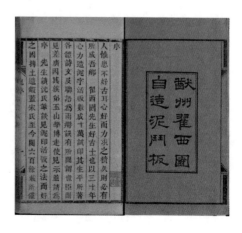